최고 중에 최고의 요리

최고 중에 최고의 요리

1판 5쇄 발행 2024년 1월 10일

지은이 | EBS 〈최고의 요리비결〉 출연진들
펴낸이 | 김선숙, 이돈희
펴낸곳 | 그리고책(주식회사 이밥차)

주소 | 서울시 서대문구 연희로 192 (연희동 76-22, 이밥차 빌딩)
대표전화 | 02-717-5486~7
팩스 | 02-717-5427
이메일 | editor@andbooks.co.kr
홈페이지 | www.andbooks.co.kr
출판등록 | 2003.4.4. 제10-2621호

본부장 | 이정순
편집 책임 | 박은식
편집 진행 | 홍상현
요리 · 촬영 진행 | 양승은, 김예영, 문희
편집 진행 도움 | EBS 최고의 요리비결 제작진 (김동준 PD, 이한규 PD, 김진아, 김동석, 이서영, 박선영, 윤한비)
영업 | 이교준
경영지원 | 문석현
포토디렉터 | 율스튜디오 박형주
푸드 스타일링 | 김미은
교열 | 김혜정
디자인 | 넘버나인 임병천, 이동헌

ISBN 979-11-964644-8-6 14590
979-89-97686-13-1 (세트)

EBS
〈최고의 요리비결〉
15주년 특별판!

대한민국
최장수 대표 요리
프로그램을
책으로!

요리 대가들이
인정한 최요비
핵심 레전드
레시피만 엄선

시청자와
제작진이
직접 뽑은

EBS 최고 중에 최고의 요리

이제는 전설이 된 레시피만 모았다!

EBS 〈최고의 요리비결〉 출연진들 지음

그리고책
andbooks

PROLOGUE

안녕하세요. 독자 여러분!

트렌드를 따라 흥미 위주로 풀어낸 레시피북이 많은 요즘, 한결같이 요리의 기본을 고수해온 '〈최고의 요리비결〉' 시리즈가 〈최고 중에 최고의 요리〉라는 이름으로 대망의 완결판을 선보입니다.

책장을 넘기기 전에 〈최고 중에 최고의 요리〉가 어떻게 구성됐는지 한번 살펴볼까요. 우선 최고의 요리를 찾아 떠나는 여정은 시청자들의 가장 큰 사랑을 받은 '시청률이 검증한 최고의 요리 20'부터 시작합니다. 시청률은 물론 독자들의 찬사를 가장 많이 받은 주옥같은 20가지의 레시피를 만나보세요.

두 번째 장에서는 EBS《최고의 요리비결》에서 '애청자들의 리뷰가 가장 많았던 요리'를 선보입니다. 멘보샤와 같이 한번쯤 이름을 들어본 요리부터 케일김치, 귀리샐러드까지 시청자들의 눈을 사로잡았던 레시피들을 살펴보세요. 하나씩만 만들어 봐도 고민이나 걱정 없이 요리하는 게 한결 더 즐거워질 거예요.

세 번째 장에서는 EBS《최고의 요리비결》'작가와 PD들이 엄선한 베스트 요리'를 확인해보세요. 수많은 요리 선생님들을 직접 옆에서 지켜보고 맛을 본 EBS《최고의 요리비결》의 작가와 PD들의 평가를 모아 엄선한 레시피예요. 미식가 못지않은 그들의 최고의 요리 리스트, 궁금하지 않나요?

네 번째 장에서는《최고의 요리비결》에서 소개된 수많은 요리들을 이밥차 요리연구소가 직접 만들어 보고 엄선한 '최고의 가성비 요리'를 소개합니다. 멋들어지고 비싼 재료로 장식하는 요리보다는 실용적이고 가격에 비해 뛰어난 맛을 내는 요리를 고집해온 이밥차의 베스트 레시피를 확인해보세요.

마지막 장에서는 '알아두면 두고두고 만들어 먹을 수 있는 활용 요리'를 모아봤어요. 평소에 잘 쓰지 않는 재료를 창의적으로 활용한 요리들과 맛뿐만 아니라 만드는 방법도 눈여겨 볼만한 레시피들을 소개해 드릴게요.

우리 식탁의 풍경을 바꾸고 한국인들의 입맛을 이끌어 온 〈최고의 요리비결〉 시리즈!
독자 여러분들의 꾸준한 사랑과 응원에 보답하며 이번 책을 준비했습니다.
책 작업에 많은 도움을 주신 EBS《최고의 요리비결》 제작진과
소중하고 맛있는 레시피를 선뜻 내어주신 33인의 요리 대가님들에게
깊은 감사의 인사를 드립니다.

이밥차 요리연구소 드림.

안녕하세요. 애청자 여러분!

2000년도부터 진행해 온 EBS《최고의 요리비결》이 사람으로 치면 이제 거의 성인이 다 되었네요. 그동안 수많은 요리연구가 선생님들의 요리를 옆에서 지켜보고 맛보면서 언젠가는 베스트 요리들만 엄선해서 시청자 여러분께 선보이고 싶다고 생각해왔어요. 물론 그렇게 맛있는 요리들을 맛보면서 저희도 미식가와 비슷한 입맛을 갖게 됐죠. 방송이 끝날 때마다 불어나는 뱃살은 덤이었지만요.

여러분,《최고의 요리비결》에서 소개한 요리들 집에서 잘 따라 해보고 계신가요? 최고의 요리 선생님들의 맛있고 멋진 레시피를 늘 쉽게 설명하고 재미있게 전달해드리려고 갖은 애를 썼지만, 텔레비전 너머로 열심히 요리를 하고 계실 여러분께 잘 전달이 되었는지 무척 궁금합니다.

방송에서 여러 레시피를 소개하면서 수많은 애청자분들이 시청자 게시판을 통해 레시피에 관한 질문뿐만 아니라 요리에 관한 애정어린 이야기를 남겨주셨어요. 다만 방송시간상 자세하게 설명해드리지 못하는 점이 늘 아쉬웠어요. 드디어 〈최고 중에 최고의 요리〉에서 선생님들이 방송에서 미처 시간상 못다 전한 팁이나 재료 손질법 등을 자세하고 친절하게 설명해드릴 수 있게 됐네요. 늘 갖고 있던 마음의 짐을 조금이라도 덜 수 있어서 다행입니다.

오랜 시간 방송을 진행하면서 많은 우여곡절이 있었습니다. 최대한 많은 요리 선생님들을 소개하고 싶었지만 한정된 기회에서 고민이 많았습니다. 대한민국에서 제일가는 선생님들이셔서 일정을 맞추기도 쉽지 않았죠. 바쁜 시간을 쪼개어 방송에서 최고의 레시피를 전해주신 요리 선생님들께 진심으로 감사드립니다.

더불어 이밥차 요리연구소와 〈최고 중에 최고의 요리〉를 진행하면서 레시피를 설명하는 데 있어서 저희가 놓친 부분도 이밥차답게 꼼꼼하게 체크해줘서 감사의 말씀을 드립니다. 저희 EBS《최고의 요리비결》 제작진은 화려하기보다는 맛있고 간편하고 쉽게 따라 할 수 있어야 한다는 철학을 가지고 그동안 많은 요리를 진행해왔습니다.《최고의 요리비결》이 이렇게 긴 시간 동안 사랑받을 수 있었던 것도 시청자 여러분이 저희의 생각을 이해해 주셨기 때문 일테죠.

앞으로도《최고의 요리비결》이라는 이름답게 멋스럽고도 맛있게, 실용적이면서 쉽게 따라 할 수 있는 최고의 요리들만 선보이도록 노력하겠습니다. 여러분의 많은 성원을 부탁드립니다.

감사합니다.

EBS《최고의 요리비결》 제작진 일동 드림.

CONTENTS

CHAPTER 2 애청자들의 리뷰가 가장 많았던 요리

CHAPTER 3 최요비 작가&PD가 엄선한 베스트 요리

CHAPTER 4

이밥차가 엄선한 최고의 가성비 요리

CHAPTER 

알아두면 두고두고 만들어 먹는 활용 요리

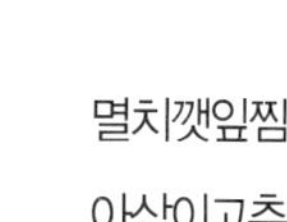

INTRO

CHAPTER | **최고의 요리 비법**

요리는 타고 냄비에선 물이 끓어 넘치는 주방. 정신이 하나도 없죠.
뒤에서 하나하나 친절하게 도와줄 요리 선생님 있었으면 좋을 텐데 말이죠.
여기 대한민국 최고의 내로라하는 요리 선생님들의
특급 요리비법을 한데 모아 여러분께만 소개합니다.
맛을 바꾸는 한 끗 차이, 지금 만나보세요!

최고의 요리선생님들을 소개합니다

〈EBS 최고의 요리비결〉을 통해 보석 같은 레시피를 소개해주신 최고의 요리 선생님들을 소개합니다!
주위에서 손쉽게 구할 수 있는 재료를 이용해 만드는 신뢰도 높은 맛 보장 레시피들.
어떤 선생님들의 손맛인지 함께 살펴볼까요?
선생님 성함 기준 ㄱㄴㄷ 순으로 소개합니다!

Special Thanks To

EBS 〈최고의 요리비결〉 제작진

대한민국 1등 요리 프로그램 EBS 〈최고의 요리비결〉! 내로라하는 수많은 요리 선생님들과 함께 맛있고 따라 하기 쉬운 요리들을 소개하며 기나긴 시간 동안 시청자들의 많은 사랑을 받아왔죠. 한편 세련되고 멋진 세트장 뒤에는 제작진들의 보이지 않는 끊임없는 노력이 있었답니다. 요즘 트렌드에 맞으면서 실용적이며 맛까지 훌륭한 요리를 찾기 위해 부단히 노력한 제작진들! EBS 〈최고의 요리비결〉에 출연한 요리 선생님들과 이밥차가 한마음으로 특별한 감사를 표합니다.

김덕녀 요리연구가

30년 가까이 연구한 요리 노하우로 최고의 맛을 자랑합니다. 전통음식부터 궁중음식, 저장음식까지 다양한 음식을 두루두루 선보이며 요리 초보자도 따라할 수 있을 만큼 간단하고 쉬운 조리과정을 자랑합니다.

돼지갈비강정(38p), 갈빗살구이비빔밥(282p) 외 4개

김선영 요리연구가

20년이 넘는 시간 동안 꾸준히 사랑 받아온 요리연구가입니다. 다양한 요리 강연 및 다수의 요리 책을 출간했으며 한국 조리기능장으로 대한민국 조리 시험 감독 위원으로 활약하고 있습니다.

묵은지닭볶음탕(122p), 와인닭고기조림(234p) 외 13개

김영빈 요리연구가

쿠킹스튜디오 '수라재'를 운영하고 있습니다. 다양한 미디어를 통해 요리연구가는 물론 푸드스타일리스트로도 활발히 활동 중입니다. 트렌디한 메뉴 개발과 깔끔한 맛으로 큰 사랑을 받고 있습니다.

고등어추어탕(136p), 매실소스문어튀김(292p) 외 2개

김옥란 요리연구가

'꿈꾸는 할멈'이란 별명이 따라다니는 김옥란 요리연구가는 환갑에 블로그를 시작하면서 큰 사랑을 받았습니다. 가정 요리 선생님으로 30년이 넘는 경력을 지닌 능력자인 건 두말할 필요도 없죠. 재치 있는 입담과 함께 어머니의 마음으로 한식의 깊은 맛을 전달하고 있습니다.

달걀토스트(138p)

김정은 요리연구가

캠핑 볼모지였던 대한민국에 '캠핑요리'붐을 일으킨 장본인입니다. 타고난 센스와 야무진 손맛으로 다양한 메뉴 개발 및 요리를 선보이고 있습니다. 현재 배화여자대학교 전통조리과 교수로도 활동하고 있습니다.

스테이크영양솥밥(78p), 닭다리백숙(294p) 외 2개

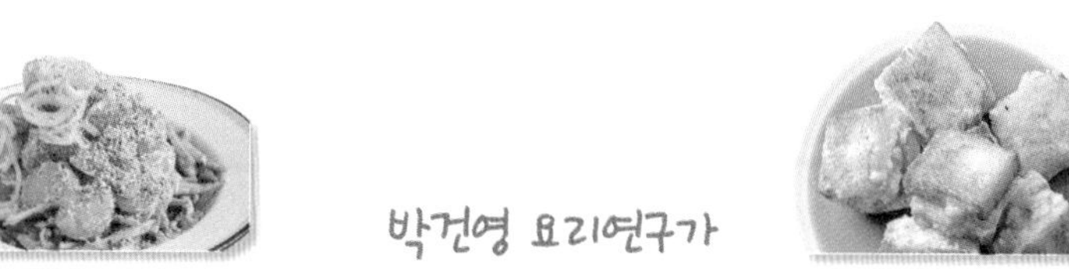

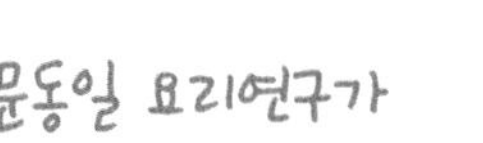

문동일 요리연구가

30년이 넘는 호텔 조리경력, 제주한라대학교에서 겸임교수도 역임한 문동일 요리연구가. 제주 1호 조리기능장이기도 한 그는 최근 다양한 방송에 출연하며 제주 음식의 참맛을 제대로 알리고 한식의 세계화를 위해 활발히 노력하고 있습니다.

감귤된장무침(144p)

박건영 요리연구가

중식 전문의 화려한 요리실력으로 세계대회에서 상을 휩쓴 박건영 요리연구가. 인기 요리 방송에서 맹활약 중인 그는 새롭고 더 맛있는 중식 요리를 선보이고 있습니다. 다수의 요리책도 출간했으며 호텔 중식당 취홍에서 일하고 있습니다.

멘보샤(80p)

박보경 요리연구가

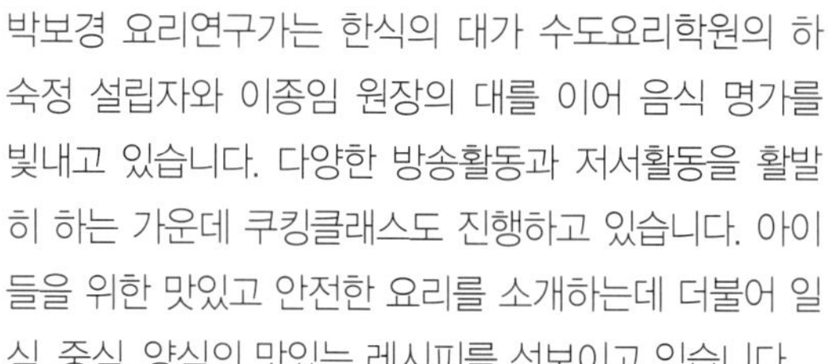

박보경 요리연구가는 한식의 대가 수도요리학원의 하숙정 설립자와 이종임 원장의 대를 이어 음식 명가를 빛내고 있습니다. 다양한 방송활동과 저서활동을 활발히 하는 가운데 쿠킹클래스도 진행하고 있습니다. 아이들을 위한 맛있고 안전한 요리를 소개하는데 더불어 일식, 중식, 양식의 맛있는 레시피를 선보이고 있습니다.

두부소시지(82p), 초계냉채(146p) 외 1개

박영란 요리연구가

수많은 요리 중 특히 김치, 장아찌, 효소 등 저장음식 분야에 해박한 지식을 가진 요리연구가입니다. 어렵게 느껴지는 김치 만들기도 박영란 요리연구가의 레시피만 있다면 문제없습니다. 양파, 오이, 무 등 평소 자주 구매하는 재료로 만드는 특급 김치 레시피를 알려드립니다.

오이물김치(86p), 여름동치미(296p) 외 1개

방영아 요리연구가

맛 좋은 제철 재료를 사용해 입맛을 돋우는 요리를 선보이는 요리연구가 방영아. 특히 아이들과 함께 먹을 수 있는 요리에 관심이 많아 주부님들의 절대적인 지지를 받고 있어요. 식품영양학을 전공해 한 그릇 안에 맛은 물론 영양을 고려한 건강한 레시피를 선보이고 있답니다.

연어구이(46p), 가자미버터구이(150p) 외 2개

안세경 요리연구가

안세경 요리연구가는 미국 CIA 요리학교 출신으로 한식, 양식, 디저트 등 다방면으로 뛰어난 요리를 선보이고 있어요. 집에서도 쉽게 만들 수 있도록 간편한 조리과정을 최우선으로한 센스 있는 레시피를 선보이고 있습니다. 저서로는 〈밥솥 이유식〉이 있습니다.

명란감자그라탱(48p), 바지락곤약술찜(300p) 외 7개

여경래 요리연구가

중식경력만 40여년, 세계중식업연합회 부회장 등 그를 수식하는 화려한 말은 수없이 많지만 그는 언제나 요리의 기본과 재료본연의 맛을 추구합니다. 집에서도 쉽고 맛있게 만들 수 있는 중화요리를 소개하기 위해 역시 중화요리의 대가인 동생 여경옥 셰프와 함께 〈한국인이 좋아하는 중국요리〉라는 책을 발간한 바 있습니다.

마파두부밥(160p), 짜춘권(162p) 외 1개

유귀열 요리연구가

조리기능장 유귀열 요리연구가의 레시피는 우리 삶에 꼭 맞는 현실적인 조리 방법으로 큰 사랑을 받고 있습니다. 특히 국가 대표 발효 명인답게 미디어를 통해 선보인 묵은지찜이나 얼갈이배추겉절이 등은 주부들 사이의 레전드 레시피로 불리고 있답니다.

묵은지찜(304p), 반건조오징어조림(306p)

유창준 요리연구가

오랜 기간 호텔 조리사로 근무했으며 한식재단 추천 국제대회 참가 수석조리사, 한식레스토랑 두레의 오너셰프로 일하고 있는 유창준 요리연구가. 요리하는 국민장인이라는 별칭까지 가진 그는 다양한 방송에 출연하며 한식뿐만 아니라 다양하고 맛있는 레시피를 소개하고 있습니다.

감자취나물수프(240p), 김치비빔국수(242p)

윤숙자 요리연구가

한국전통 음식연구소 소장이자 떡 박물관장 등 한식의 대들보 역할을 하고 있는 윤숙자 요리연구가. 윤 선생님은 국내외 열리는 각종 한식 박람회에서 홍보대사 역할을 하는 등 한식의 세계화에 앞장서고 있습니다.

닭온반(164p), 생강효소(166p)

윤혜신 요리연구가

건강한 재료로 맛깔난 요리를 선보이시는 윤혜신 요리연구가. 윤 선생님의 대표 요리인 통보리된장오이무침, 쑥갓새우젓부침, 건두부채소쌈은 이름만 들어도 건강함이 물씬 묻어난답니다. 깔끔하고 담백한 맛으로 사랑받는 윤 선생님의 레시피를 만나보세요.

멸치귤피볶음(92p), 통밀수제비(172p) 외 3개

이보은 요리연구가

다양한 방송 활동과 다수의 요리책을 출간한 이보은 요리연구가는 자주 먹는 일상 밑반찬부터 한입에 쏙쏙 먹기 좋은 주먹밥, 김밥 등 실패 없는 이보은 표 요리 레시피로 정평이 나 있습니다.

먹태무침(308p), 새우장(310p)

이순옥 요리연구가

국내 1호 여성 조리기능장인 이순옥 요리연구가. 이 선생님의 손맛은 그야말로 신뢰 그 자체! 오랜 경험과 실력을 바탕으로 대한민국 식탁에 꼭 필요한 갖가지 맛있는 요리를 선보이고 있습니다.

소면냉채(52p), 명란장조림(244p) 외 4개

이재훈 요리연구가

이탈리아 요리학교를 졸업하고 양식을 전공한 이재훈 요리연구가. 양식만큼 한식 솜씨도 정말 뛰어난데요. 〈EBS 최고의 요리비결〉을 포함해 다양한 방송 프로그램을 통해 기본 재료를 활용한 이 선생님만의 깔끔하고 심플한 메뉴를 선보이고 있습니다.

바질페스토스파게티(182p), 이태리식조개스튜(248p) 외 2개

이종임 요리연구가

요리 분야에서 활발히 활동하고 있는 이종임 요리연구가는 다수의 요리 프로 진행은 물론이고 대학교 강단에서 여러 후배들을 양성하고 있습니다. 또한 국내외에서 열리는 다양한 문화 행사를 통해 한식을 전 세계에 널리 알리고 있습니다.

초계냉모밀국수(54p), LA갈비구이(184p) 외 6개

임미경 요리연구가

이학박사, 식품영양학 교수, 동아시아식생활학회 이사, 저술활동까지 몸이 열 개라도 바쁜 그녀. 임미경 요리연구가는 늘 우리에게 눈과 입이 즐거워지는 맛있고 창의적인 레시피를 선보이고 있습니다.

스파이시치킨윙(318p)

임미자 요리연구가

한국전통음식연구소 부원장이자 전통요리 및 북한 요리에도 뛰어난 일가견이 있는 요리연구가입니다. 자주 먹는 가정식도 선생님의 손을 거치면 모두의 입맛에 딱 맞아 떨어지는 엄마의 손맛이 느껴진답니다.

전복찌개(252p), 수제비짬뽕(258p) 외 6개

임효숙 요리연구가

임효숙 선생님의 요리는 다양한 한식 및 색다른 재료를 추가해 언제나 늘 톡톡 튀는 레시피로 구성되어 있답니다. 자주 먹는 일상 요리부터 한두 가지 요리로 든든하게 배를 채우는 푸짐한 요리를 선보이며 100% 맛 보장 레시피를 약속합니다.

매운돼지갈비찜(260p), 뚝배기알찜(326p) 외 7개

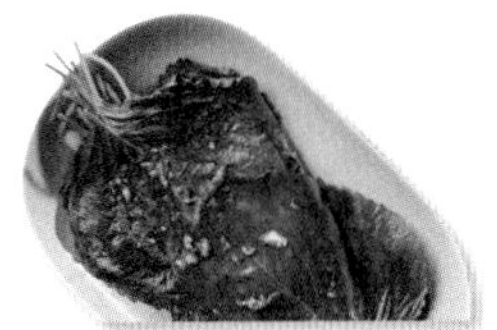

정미경 요리연구가

일명 '청담동 정선생님'으로 유명한 요리연구가 정미경. 정 선생님의 레시피는 따라 만들기만 해도 맛이 보장되기로 소문이 자자해요. 요리책계의 베스트셀러 '청담동 단골' 시리즈의 인기 저자이자 미디어 매체에서 제일 먼저 모시고 싶어 하는 요리연구가로 유명해요. 정 선생님의 맛깔 나는 레시피, 놓치지 말고 꼭 만나보세요.

명란젓늙은호박찌개(202p), 목살스테이크샐러드(342p) 외 14개

임성근 요리연구가

대한민국을 대표하는 조리장이자 〈한식대첩〉의 우승자 임성근 요리연구가. 〈아이 라이크 미트〉라는 고기 전문 요리책을 발간할 정도로 임 선생님의 고기 레시피는 그야말로 엄지 척! 이번엔 고기가 아닌 재료로 선보이는 임 선생님의 인기 레시피를 모아보았습니다.

황태해장국(188p), 냉소면(324p)

전진주 요리연구가

요리 초보자도 부담 없이 따라만들 수 있는 소박하고 친근한 요리들을 소개하는 전진주 요리연구가. 집에 늘 구비해두는 어묵, 콩나물, 달걀 등으로 만드는 활용도 높은 레시피로 유명합니다. 현실적인 식재료로 최고의 맛을 선보이는 전 선생님의 레시피를 놓치지 마세요.

파새우탕(332p), 팽이버섯냉채(334p) 외 4개

정호영 요리연구가

우동전문점 '카덴'의 수장이자 〈EBS 최고의 요리비결〉, 〈냉장고를 부탁해〉 등 다양한 요리프로그램을 종횡무진하며 맹활약을 펼치고 있는 정호영 요리연구가. 일식과 조합한 정 선생님만의 색다른 한식 요리들 역시 탁월한 맛과 활용도 있는 구성으로 큰 사랑을 받고 있습니다.

전복볶음밥(106p), 소고기스키야키(348p) 외 5개

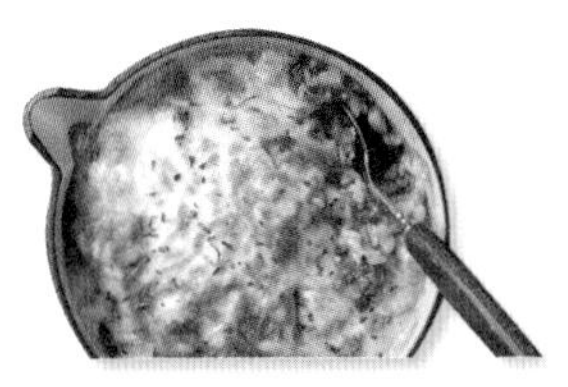

최경숙 요리연구가

최경숙 요리학원 원장이면서 다양한 방송활동과 저술활동으로 이미 '방배동 선생'으로 잘 알려진 그녀. 건강을 위해 가정요리의 중요성을 강조해온 그녀는 누구나 집에서도 손쉽게 제맛을 낼 수 있는 레시피를 소개하고 있습니다.

칠리소스볕미밥(350p)

최인선 요리연구가

오랜 기간 호텔 셰프로 일했고 세계요리대회에서 금상을 수상했습니다. 대학에서 학생들을 가르치며 다양한 방송에 출연까지 하는 등 바쁜 횡보를 이어가고 있습니다. 일식이 전문이지만 한식의 세계화를 꿈꾸며 늘 새로운 레시피를 소개하고 있습니다.

육회물회(110p), 낙지차돌박이볶음(212p) 외 4개

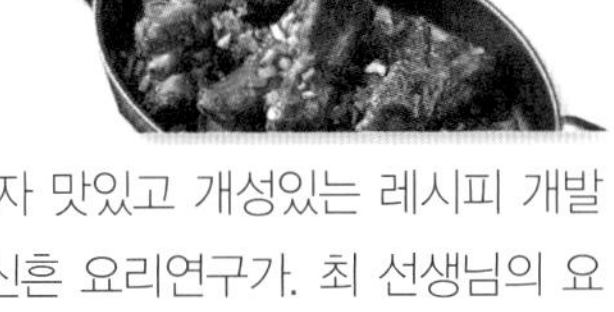

최진흔 요리연구가

한식조리기능장으로이자 맛있고 개성있는 레시피 개발로 사랑 받고 있는 최신흔 요리연구가. 최 선생님의 요리는 레시피뿐만 아니라 양념, 양념장, 소스까지 화제를 몰고 다녀요. 정말 궁금했던 최 선생님의 손맛을 배워보세요.

바나나식초와 낙지초무침(112p), 묵은지스파게티(354p) 외 6개

토니오 요리연구가

이탈리아 CAPAC 요리학교를 졸업 후 밀라노에서 오랜 기간 레스토랑, 호텔 조리경력을 갖고 있습니다. 이탈리아 요리와 함께 퓨전한식을 추구하는 셰프로서 다양한 방송출연, 특강도 하면서 전국을 돌아다니며 식재료를 맛보고 새로운 레시피를 소개하고 있습니다.

바나나티라미수(218p)

한명숙 요리연구가

손쉬운 반찬, 엄마 손맛 생각나는 밥상, 술 한 잔이 생각나는 안주 요리까지. 한 선생님의 레시피에는 이 모든 요리가 담겨있어요. 누가 만들어도 실패 없는 완벽한 레시피와 한 선생님만의 시크릿 요리 비법이 담긴 레시피, 꼭 소장하세요!

맥앤치즈(220p), 올리브유새우볶음(278p) 외 2개

한복선 요리연구가

궁중음식 연구가인 황혜성 교수의 차녀, 조선왕조 궁중음식 기능이수자이며 한복선 식문화연구원 원장을 역임하고 있습니다. 다양한 방송활동과 저술활동을 통해 한식의 아름다움과 맛을 소개하고 있습니다.

부추덮밥(74p)

요리연구가 선생님들의 특급 비법노트

식재료도 중요하지만 맛을 내는 비법은 한 끗 차이라고 하죠. 늘 궁금했던 요리 선생님들만의 궁극의 레시피! 선생님들의 비법 육수와 양념장 만드는 법부터 홈메이드 소스까지 특급 비법노트를 여러분께 소개합니다.

양념장 준비하기

요리마다 꼭 맞는 양념장 하나면 요리의 반은 완성이라죠.
요리할 때 빠져선 안 될 다양한 양념장을 소개합니다.

새우젓

냉장고 속에 꼭 구비해두면 좋은 만능 양념이에요. 국, 무침, 볶음 등에 다양하게 사용 가능한 활용도 높은 양념으로 음식에 감칠맛을 더해주는 효자 아이템이랍니다. 요리 초보자라도 새우젓 하나만 잘 사용한다면 요리 고수 못지않은 진한 맛을 낼 수 있어요. 소금이나 간장 대신 사용할 수 있고, 조금씩 넣어가며 맛을 보며 가감해주세요.

멸치·참치 액젓

궁극의 감칠맛을 끌어 올려주는 양념이에요. 잘 사용한 액젓 한 스푼, 소금 못지않답니다. 멸치 액젓은 국물, 겉절이, 무침 요리 등에 주로 사용하는데 살짝 비릿한 향이 있기 때문에 호불호가 있는 편이랍니다. 비린 향과 맛이 싫은 분들은 참치액을 사용해도 좋아요. 멸치액젓에 비해 짜지 않고 비린 향이 없기 때문에 다양한 요리에 두루 활용하기 좋아요. 멸치액젓에 버금가는 진한 감칠맛으로 전골, 국물 요리에 사용하기 참 좋답니다.

멸치가루& 보리새우가루

손쉽게 재료를 구해 만들 수 있는 천연 양념이에요. 멸치는 내장을 제거한 뒤 마른 팬에 볶아 갈아서 사용해요. 보리새우도 한 번 볶은 뒤 갈아주세요. 육수를 따로 낼 필요 없이 갈아 놓은 가루와 물만 부으면 구수하고 시원한 맛의 국물을 바로 만들어낼 수 있답니다. 국물요리 뿐 아니라 바로 먹는 깻잎김치, 파김치 등에 활용해도 좋아요.

두반장

중국요리에 자주 사용하는 양념이지만 한국 요리와도 궁합이 잘 맞아 자주 손이 가요. 콩으로 만든 양념으로 양념장에 한두 스푼만 넣으면 깊은 감칠맛과 매콤함을 두 배로 끌어 올린답니다. 특히 매운 맛을 좋아하시는 분들에게 강력 추천! 된장만큼이나 보관 기간이 길어서 두고두고 사용하기 좋고, 찌개요리에 한 스푼 넣어 칼칼함을 더하기 안성맞춤이에요.

육수 만들기

잘 우린 육수 하나면 화학조미료 없이도 깊은 맛이 나죠.
요리의 기본 육수 만드는 비법을 소개합니다.

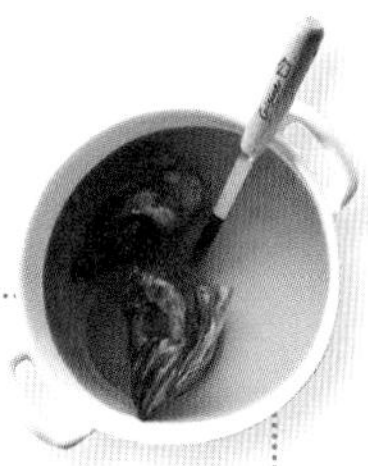

다시마육수

필수 재료

다시마(5g)

이렇게 만들어요

1. 냄비에 물(6컵)을 부은 뒤 다시마를 넣고 중약 불에서 5분 정도 끓여 마무리.

Tip 초간단 만들기

1. 빈 용기에 물(6컵)을 부은 뒤 다시마를 넣고 냉장실에서 하루 정도 우려서 마무리.

황태육수

필수 재료

황태머리 2개, 물(5컵)

이렇게 만들어요

1. 냄비에 찬물을 붓고 황태 머리를 넣어 센 불에서 끓이고,
2. 물이 끓어오르면 중약 불로 줄여 15분 정도 더 끓인 뒤 면포에 걸러서 사용.

Tip. 주로 황태 머리와 꼬리, 껍질을 사용하는데 황태를 통으로 넣고 끓여도 좋아요.

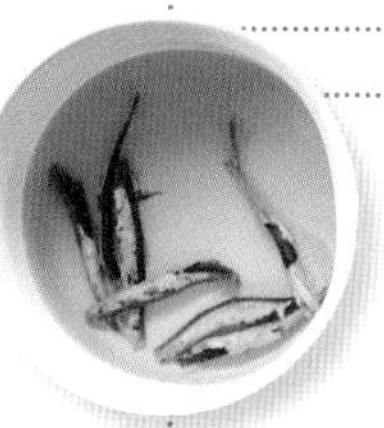

멸치육수

필수재료

육수용 멸치 10마리

이렇게 만들어요

1. 멸치는 머리, 내장을 제거하고,
2. 냄비에 물(5컵)을 부은 뒤 15분 정도 끓여 마무리.

가다랑어포

필수재료

다시마(10g), 가다랑어포(25g)

이렇게 만들어요

1. 냄비에 물($2\frac{1}{2}$컵)을 부은 뒤 다시마를 넣어 중약 불에서 뭉근하게 끓이고,
2. 다시마 넣은 물이 끓으면 불을 끄고 가다랑어포를 넣어 식을 때까지 우린 뒤 건져 마무리.

소고기육수

필수 재료

소고기(양지 200g), 마늘(10개), 된장(3큰술), 월계수 잎(1장)

이렇게 만들어요

1. 소고기는 찬물에 담가 핏물을 제거하고,
2. 냄비에 물(5컵)을 부은 뒤 된장(3큰술), 마늘(10개), 월계수 잎(1장)을 넣어 끓이고,
3. 끓어오르면 고기를 넣어 약한 불로 줄여 1시간 30분 정도 끓여 마무리.

가다랑어포는 불을 끈 뒤 넣어야 특유의 감칠맛이 잘 우러나와요.

양념장 만들기

양념장 만들기 다 비슷한 것 같죠. 남들과는 다른 맛을 내는 요리 선생님들의 특급 레시피 한번 알아볼까요?

어간장

 소불고기전골, 연어구이

필수 재료(8컵 분량)
멸치(10g), 맛술($\frac{1}{2}$컵), 조청($\frac{1}{4}$컵), 맛간장(2컵), 가다랑어포(10g)

1. 중간 불로 달군 냄비에 손질한 멸치를 넣어 3분 정도 볶고
2. 멸치가 노릇해지면 맛간장(2컵), 맛술($\frac{1}{2}$컵), 조청($\frac{1}{4}$컵)을 넣어 끓이고,

Tip. '어간장'에 맛술을 넣어주면 깊은 단맛이 나고 윤기가 더해져요.

3. 양념이 끓어오르면 약한 불에 10분 더 끓이다가 멸치를 건져내 불을 끄고,
4. 가다랑어포를 넣어 20분 정도 우린 뒤 건더기를 체에 거르고,

Tip. 끓인 양념에 가다랑어포를 넣으면 진한 감칠맛을 낼 수 있어요.

5. 유리병에 식힌 멸치, 어간장을 담아 냉장 보관해 마무리.

Tip. 냉장 보관하면 어간장은 1~2개월 정도 사용할 수 있어요.

Tip. 어간장은 볶음 요리나 어묵탕을 만들 때 넣어도 좋아요.

생강간장

 연어구이, 조림, 볶음

필수 재료(8컵 분량)
생강(10g), 설탕(2큰술), 맛술(3큰술), 간장(3큰술), 청주(2큰술)

1. 냄비에 얇게 썬 생강), 설탕, 청주, 맛술(3큰술), 간장(3큰술)을 넣고 한소끔 끓이고,
2. 체에 밭쳐 생강을 건져내 마무리.

된장쌈장

 삼겹살구이, 쌈밥

필수 재료(8컵 분량)
멸치(10마리), 다진 마늘($\frac{1}{2}$큰술),
다진 양파($\frac{1}{2}$개), 다진 풋고추(2개), 다진 홍고추(1개), 된장($\frac{1}{2}$컵), 고춧가루(1큰술), 물(4큰술), 통깨(1작은술),
참기름(1작은술)

1. 중간 불로 달군 팬에 손질된 멸치를 살짝 볶아 건져 다지고,
2. 중간 불로 달군 팬에 식용유(약간)를 둘러 다진 마늘($\frac{1}{2}$큰술), 다진 양파($\frac{1}{2}$개)를 볶고,
3. 다진 풋고추와 홍고추를 넣어 볶다가 된장($\frac{1}{2}$컵), 고춧가루(1큰술), 물(4큰술)을 넣어 고루 섞고,
4. 통깨(1작은술), 참기름(1작은술), 다진 멸치를 넣고 고루 저어 마무리.

고추장쌈장

 삼겹살구이, 쌈밥.

재료(8컵 분량)

고추장 쌈장 다진 소고기(30g), 설탕(2큰술),
다진 마늘(1작은술), 고추장(5큰술), 통깨(1작은술),
참기름(1작은술), 물(4큰술)

1. 다진 소고기, 설탕(2큰술)을 넣어 버무린 뒤 다진 마늘(1작은술)을 넣어 버무리고,

Tip. 다진 소고기에 설탕을 섞어주면 고기가 익을 때 덩어리지지 않아요.

2. 중간 불로 달군 팬에 다진 소고기를 넣어 볶고,
3. 소고기가 다 익으면 고추장(5큰술), 통깨(1작은술), 참기름(1작은술)을 넣어 볶고,
4. 물(4큰술)을 넣고 볶아 마무리.

Tip. 고추장양념이 되직하면 물이나 육수를 넣어주세요.

매운장

 생선조림 또는 비빔국수

필수 재료(8컵 분량)

양파(1개), 청주(2큰술), 고추장(1컵), 고춧가루(1컵),
매실청($\frac{1}{2}$컵), 간장(4큰술), 후춧가루(1큰술), 새우젓(1큰술)

1. 양파는 큼직하게 썰어 청주(2큰술)를 넣어 곱게 갈고,
2. 간 양파에 고추장(1컵), 고춧가루(1컵)를 넣어 잘 섞은 뒤 매실청($\frac{1}{2}$컵)을 넣고,

Tip. 매실청을 넣으면 빨리 발효가 되고 맛있는 맛을 더해줘요.

3. 간장(4큰술), 후춧가루(1큰술), 새우젓(1큰술)을 넣어 고루 섞어 마무리.

Tip. 일주일 정도 숙성시키면 더욱 맛있어요.

Tip. 생선조림, 비빔국수 등 다양한 요리에 사용할 수 있어요.

시판 소스에서 무언가 부족했던 2%. 맛을 100% 끌어올리는
선생님들의 비법 소스를 만나보세요.

Point. 집에서 만드는 시판소스

다양한 요리에 활용할 수 있는 홈메이드 시판소스!
직접 만드니까 믿고 먹을 수 있어요.

바비큐 소스

TIP 냉장실에서 1달 정도 보관할 수 있어요.

필수재료

케첩(2컵), 황설탕(3), 식초(2), 간장(2), 우스터소스(2),으깬 마늘(2~3쪽), 후춧가루(약간)

끓여서 만들기

1. 작은 냄비에 재료를 넣고 섞고,
2. 중약 불에서 15분간 걸쭉해질 때까지 끓여요.

허니머스터드 소스

TIP 냉장실에서 2주 정도 보관할 수 있어요.

필수 재료

머스타드($\frac{1}{2}$컵), 꿀($\frac{1}{3}$컵), 레몬즙(0.5컵), 마요네즈(2), 소금(약간), 후춧가루(약간)

Point. 요거트로 만드는 디핑소스

TIP 3일 이내에 드세요!

플레인 요거트로 간단히 만들어 채소스틱이나 크래커에 듬뿍 찍으면
초간단 술안주 완성! 보관 기간이 길지 않으니 딱 필요한 만큼만 만들어두세요.

블루치즈딥

필수재료

그릭요거트(1컵), 블루치즈($\frac{1}{4}$컵), 레몬즙(1), 다진 마늘(1쪽), 소금(약간), 후춧가루(약간)

차지키

필수 재료

그릭요거트(1컵), 굵게 다진 오이($\frac{1}{3}$개), 레몬즙(1), 올리브유(1), 다진마늘(1쪽 분량), 소금(약간), 후춧가루(약간)

Point. 뻔한 배달 음식을 요리로 만드는 특별소스

소스 하나만 더해도 매일 먹던 배달 음식이 특별해져요.
배달 기다리는 동안 재료 섞고 기다리기만 하면 되니 딱 좋죠?

매콤소스

필수재료

핫소스($\frac{1}{3}$컵), 갈릭파우더(0.5), 녹인 버터(3), 소금(약간), 후춧가루(약간)

화이트바비큐소스

필수 재료

마요네즈($\frac{1}{2}$컵)+설탕(0.3)+식초(2)+레몬즙(0.5)+다진 마늘(0.5)+소금(약간)+후춧가루(0.1)

빅맥소스

필수재료

레몬즙(1큰술)+다진 양파(1큰술)+다진 피클(1큰술)+케첩(1큰술)+마요네즈(4큰술)+소금(약간)+후춧가루(약간)

새콤달콤소스

필수 재료

케첩($\frac{1}{4}$컵)+식초($\frac{1}{4}$컵)+물(1컵)+전분(1)

끓여서 만들기

1. 냄비에 넣고 잘 섞은 뒤
2. 중간 불에서 저어가며 걸쭉해질 때까지 끓여요.

PLUS RECIPE

TIP 물 2컵과 섞으면 딱 좋아요!

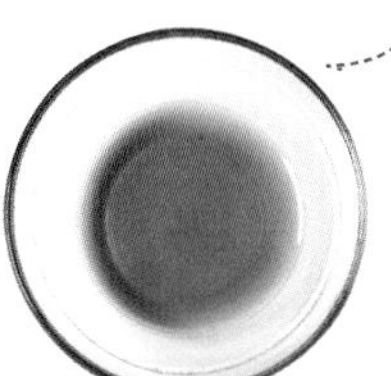

냉국소스

필수재료

설탕 2 : 식초 2 : 국간장 1

완벽한 요리를 위한 팁

요리초보라 요리하기가 겁나신다고요?
요리 분야 최고의 고수들이 전하는 기본 팁들만 잘 따라하면
완성도 높은 요리를 완벽하게 재현해낼 수 있어요

01 불조절이 관건!

point 처음은 센 불로, 끓어오르면 중간 불을 사용해요.

육수를 끓일 때
모든 육수는 처음엔 센 불에서 끓이다가 끓어오르면 중간 불로 줄여 은근하게 끓여야 해요.
단! 다시마는 처음부터 중간 불에서 은근하게 끓여야 쓴맛이 나지 않아요.

고기를 구울 때
센 불로 겉을 노릇하게 구워야 육즙이 빠지는 것을 막아 고스란히 지켜낼 수 있답니다.

향신채를 볶아 향을 낼 때
센 불로 달군 팬에 기름을 넉넉히 두른 뒤 향신채를 넣어야 기름에 향을 온전히 가둘 수 있답니다.
계속 저어가며 볶는 것이 포인트! 탈 것 같은 기미가 보인다면 불을 약하게 줄여주세요.

전을 부칠 때
겉을 노릇하고 바삭하게 익힌 뒤 중간 불에서 뭉근하게 속까지 익혀주세요.

point 처음부터 끝까지 중약 불을 사용해요.

육수를 끓일 때
물이 끓어오르면 고기를 넣은 뒤 중약 불에서 익혀주세요. 불을 높였다 줄였다 하면 고기의 육즙이 나와 누린내가 나요. 불은 처음부터 끝까지 그대로 유지해 주세요.

point 처음부터 끝까지 약한 불을 사용해요.

건어물 혹은 견과류를 볶을 때
수분이 없는 재료를 넣어 볶을 땐 약불을 사용해요. 수분이 없어 센 불에서 볶을 경우엔 금세 타버리기 십상이거든요.

지단 혹은 달걀말이를 할 때
지단과 달걀말이는 색과 모양을 예쁘게 내는 것이 포인트! 그러기 위해서는 은은하고 약한 불에서 타지 않고 고루 익혀 내야해요. 중간 불에서 팬을 달군 뒤 약한 불로 줄여 사용해요.

02 손질할 때

육류 및 해산물을 데칠 땐
청주를 사용해도 좋지만 향채소(대파, 생강, 마늘, 통후추)를 넣어 데치면 고기 누린내와 해산물의 비린내가 쉽게 제거돼요.

고기를 밑간할 때
구이, 볶음, 찜 등에 사용되는 고기에 설탕을 아주 약간 넣고 밑간을 하면 육질이 훨씬 부드러워진답니다.

03 끓일 때

고기가 들어간 국 또는 찌개를 끓일 땐
고기는 양념해 볶은 뒤 물을 붓고 끓여주세요. 고기가 익지 않은 상태에서 물을 넣게 되면 고기의 누린내가 국물에 배어 들어 맛이 떨어진답니다.

매운탕을 끓일 땐
처음부터 넣고 끓이는 것이 아니라 국물이 끓어오를 때 넣어야 단백질이 유지되며 탄력이 생겨요.

육수를 끓일 땐
채 썬 무를 넣고 센 불에서 끓여주면 조리시간이 훨씬 짧아져요. 음식 만들 시간이 부족할 때 토막 낸 무 대신 채 썬 무를 넣어 육수를 만들어보세요.

생선찜을 할 땐
고등어는 뚜껑을 열고 조려야 비린내가 날아가요.

04 볶을 때

채소를 볶거나 양념된 고기 등을 볶을 땐
물 1큰술을 조금씩 넣어가며 볶아주세요. 재료나 양념이 타거나 눌러 붙지 않고 고루 잘 익는답니다.

식용유를 사용할 땐
식용유만 사용하여 재료를 볶아도 괜찮지만 동량의 들기름을 섞어 사용하면 음식의 향이나 풍미를 끌어올리고, 고소한 맛이 훨씬 살아나요.

한 끗 차이! 맛내는 비결

맛내기 비결 1
육수를 내는 데에 시간이 부족하다면 쌀을 씻고 난 뒤 생긴 쌀뜨물을 육수 대신 사용해보세요. 진하고 구수한 맛을 살려준답니다.

맛내기 비결 2
잔멸치는 기름 없이 미리 한 번 볶아주면 불순물이 제거되고, 비린내가 사라져요.

맛내기 비결 3
찌개나 조림, 찜에 들어가는 채소는 사용할 육수에 미리 데친 뒤 넣어주면 식감도 살고 육수가 채소에 배어 감칠맛이 배로 살아나요.

05 면을 삶을 때

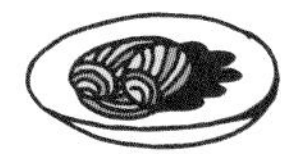

Point.
덧가루를 털어야 해요 칼국수면

보통 시판 칼국수는 면끼리 뭉치는 것을 방지하기 위해 덧가루를 묻혀 놓았어요. 이는 국물을 걸쭉하게 만들기 때문에 조리 전 가루를 털거나 흐르는 물에 헹구는 것이 좋아요. 면을 삶기 전에 면 다발을 손으로 살짝 풀어 끓는 물에 넣고 잘 저어주세요.

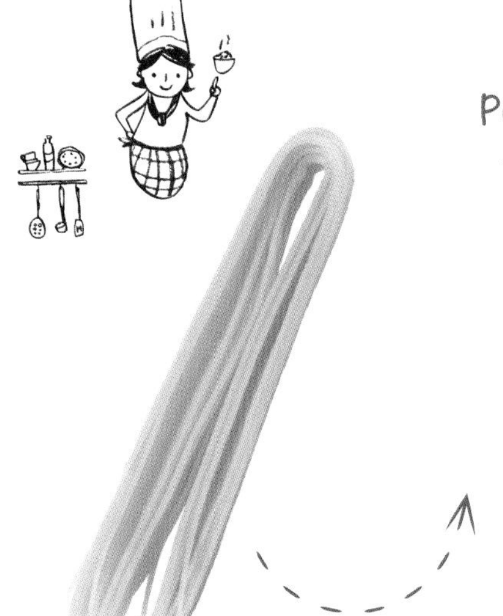

Point.
가닥가닥 떼어 삶아요 쫄면

쫄면은 쫄깃함을 최대한 살려 삶는 것이 관건이에요. 덩어리로 붙어 있는 면을 찬물에 담가 가닥가닥 떼어낸 뒤 끓는 물에 넣고 2분 정도 삶아요. 삶자마자 찬물에 여러 번 헹군 뒤 물기를 확실히 제거해야 불지 않고 탱탱함을 유지할 수 있어요.

Point.
탱탱함의 비결은 찬물, 우동면

끓는 물에 면을 넣고 면이 자연스레 떠오르면 젓가락으로 살살 풀어가며 익혀요. 물이 다시 끓어오를 때 찬물을 살짝 부어주면 면 속까지 탱탱해져요. 면이 살짝 투명한 빛이 돌 때 건져내요.

Point.
삶고 난 뒤 바락바락 씻어요 소면

소면을 삶을 땐 나중에 넣는 찬물의 양도 생각해 넉넉한 냄비를 준비해요. 삶은 뒤 찬물에 바락바락 헹궈야 면의 표면에 남아있는 전분이 깨끗이 씻겨나가 매끄러운 면발이 돼요.

Point.
헹구면 안돼요! 스파게티면

스파게티는 보통 끓는 물에 넣고 7~8분이 지나면 심이 살아있어 소스와 볶기 딱 좋은 상태가 돼요. 스파게티는 다른 면들과 달리 면 표면의 전분이 소스와 면의 밀착력을 높여주기 때문에 찬물에 헹구지 않아요.

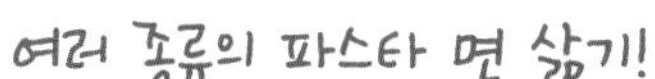

TIP

여러 종류의 파스타 면 삶기!

모양만큼이나 파스타면도 종류가 많죠. 대표적인 파스타면 삶는 법을 알아볼까요. 우선 파르팔레는 나비 혹은 리본모양으로 생긴 파스타로 물이 끓을 때 올리브 오일 몇 방울과 소금 한 큰술을 넣고 10분정도만 삶아주세요. 면을 끊었을 때 중심이 연필심 두께정도가 될 정도면 돼요. 긴 실린더 모양의 펜네 역시 끓는 물에 소금을 넣고 10분 정도 삶으면 되지만 일반 파스타보다 두껍기 때문에 1~2분 더 두는 것도 좋아요. 찬물에 헹구지 않고 올리브 오일을 묻혀두면 시간이 지나도 퍼지지 않아요. 파스타 삶는 시간은 종류마다 다르므로 포장지에 적힌 시간을 잘 지켜주세요.

Point.
불지 않고 꼬들꼬들하게 당면

30분 이상 미지근한 물에 불려두면 삶는 시간이 단축되고, 3시간 정도 불리면 면을 따로 삶지 않아도 탕, 볶음으로 바로 조리할 수 있어요. 익힌 면은 식용유에 살짝 볶아주면 면의 물기가 제거되어 더 이상 불지 않고 꼬들꼬들하게 유지돼요.

06 튀김을 할 때

Point. 기본 중 기본 기름 고르기

주방 한구석에 언제나 자리하고 있는 기름. 식용유의 대명사인 대두유부터 포도씨유, 카놀라유, 올리브유 등 그 종류도 다양해요. 튀김요리에 걸맞은 기름을 고르기 위해서는 가열할 때 연기가 나는 온도인 발연점이 포인트. 발연점이 높을수록 튀김이 바삭해지는데 대두유, 포도씨유, 카놀라유가 딱이에요. 여기에 전문가가 만든 튀김처럼 고소한 향을 추가하고 싶다면 참기름을 약간 첨가해보세요. 튀김의 향과 맛을 업그레이드해줘요.

Bad 튀김요리에는 안 어울려요, 올리브유

Good 포도씨유, 카놀라유

Excellent 기름의 양에 따라 참기름 2~3 숟가락 첨가

Point. 수분을 잡아라! 재료 손질

요리를 하다 사방으로 펑펑 튀는 기름의 습격을 받은 경험이 있다면, 혹은 한입 베어 문 튀김이 눅눅해 기분 상한 적이 있다면 주목! 이 모든 원인은 재료의 수분에 있어요. 수분을 제거하지 않은 재료를 고온의 기름에 넣으면 기름이 튀어 다칠 염려도 있거니와, 수분이 있던 자리를 기름이 대체해 눅눅해지기 쉽죠. 수분 함량이 높은 채소들은 키친타월로 물기를 잘 닦아내고, 오징어도 키친타월로 꾹꾹 눌러 숨은 물기까지 제거해주세요. 새우는 꼬리에 달린 물총을 칼 등으로 누르거나 아예 제거해 놓칠 수 있는 수분까지 신경써주세요. 반죽옷을 꼼꼼히 입혀 수분을 없애는 것 또한 기름이 튀는 것을 방지할 수 있는 또 하나의 포인트!

Bad 수분 가득 머금은 재료

Good 조리하기 전 재료 구석구석 물기 제거

Excellent 기름이 튀지 않게 튀김옷도 꼼꼼히!

Point. 바삭한 옷을 입혀라! 반죽 만드는 법

바삭한 튀김을 위한 여정에는 약간의 노력과 순서가 필요해요. 밀가루와 물이 만나 생기는 글루텐이라는 끈적한 단백질 성분이 튀김의 수분을 붙잡아 바삭해지는 것을 막기 때문. 글루텐을 최소화하는 방법은 3가지가 있어요. 첫째, 젓는 것을 최소화! 반죽을 많이 저을수록 글루텐 성분이 강해져요. 달걀은 차가운 물에 미리 풀어 놓고, 밀가루는 대충 저어도 잘 섞일 수 있게 체에 걸러서 사용한다. 둘째, 온도를 낮추세요. 글루텐은 온도가 높을수록 잘 형성되기 때문에 반죽에는 차가운 물을 사용하고 얼음을 넣어 차갑게 만드는 것이 좋아요. 셋째, 튀기기 직전에 튀김옷을 만들자. 미리 만들면 글루텐이 강해져 튀김이 눅눅해져요. 하얀 밀가루가 듬성듬성 보이는 반죽이 생소하겠지만 당황하지 마세요. 튀김옷으로는 완벽한 상태예요.

Bad 눈대중으로 모든 재료를 한 번에 넣고 열심히 젓기

Good 달걀은 미리 풀어주고, 밀가루는 체에 거르고, 점성이 생기지 않게 적당히 젓기

Excellent 얼음 넣은 차가운 물로 반죽하고, 튀기기 직전에 튀김옷 입히기

Point. 재료 맛을 살리는 재료별 온도 맞추기

뜨거운 열을 내뿜는 튀김냄비 앞에서 빨리 벗어나고 싶은 것이 요리하는 사람의 마음. 모든 재료를 한 번에 튀기고 빨리 건져내면 좋으련만, 재료에 맞는 온도는 각기 달라요. 꼭 지켜야 하는 절대적인 온도는 없지만, 최상의 온도는 존재해요. 채소 같은 경우 보통 160℃에서 170℃ 사이에 튀겨내고, 스틱을 만들기 위해 얇게 손질된 경우는 190℃~200℃에서 순식간에 튀겨내야해요. 새우, 오징어 같은 경우는 170~180℃가 적당하죠. 닭고기나 돼지고기 같은 육류로 튀김요리를 할 경우 2번 튀기는 것을 추천! 170~180℃의 온도로 속까지 익혀주고, 180~200℃로 온도를 높여 한 번 더 바삭하게 튀겨내면 겉과 속 모두 잘 익은 튀김을 만들 수 있어요. 또한 급한 마음에 재료를 냄비 가득 넣는 것은 금물. 기름의 온도를 유지하기 위해 재료를 냄비의 $\frac{2}{3}$이상 넣지 않도록 하세요.

Bad 재료를 한꺼번에 몰아넣고 재빠르게 튀겨내기

Good 재료의 크기, 종류에 따라 각각 튀김냄비에 넣기

Excellent 소량씩 넣어 튀기고, 육류는 2번 튀겨내기

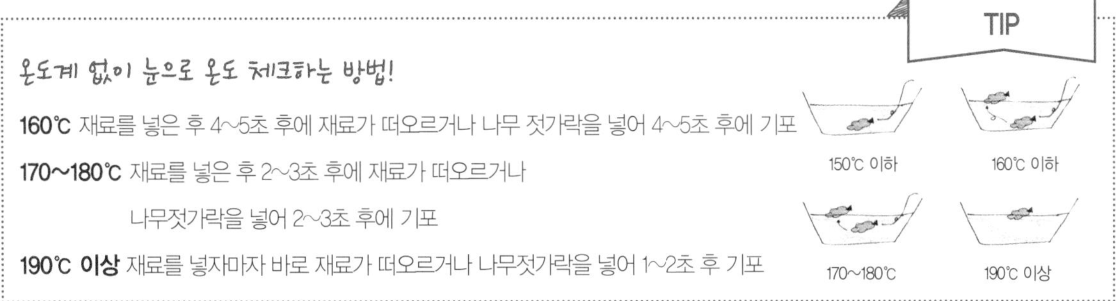

TIP

온도계 없이 눈으로 온도 체크하는 방법!

160℃ 재료를 넣은 후 4~5초 후에 재료가 떠오르거나 나무 젓가락을 넣어 4~5초 후에 기포

170~180℃ 재료를 넣은 후 2~3초 후에 재료가 떠오르거나 나무젓가락을 넣어 2~3초 후에 기포

190℃ 이상 재료를 넣자마자 바로 재료가 떠오르거나 나무젓가락을 넣어 1~2초 후 기포

07 식용유를 쓸 때

Point.

저는 부디 생으로 드세요 올리브유

특유의 풍미가 매력적인 올리브유는 불포화지방산이 많이 함유되어 건강에 좋지만 발연점은 160~190℃으로 낮은 편이에요. 따라서 튀김요리에 사용하기보다는 비교적 낮은 온도로 조리하는 볶음 등에 사용하고 샐러드드레싱처럼 마지막에 양념처럼 쓰거나 빵을 찍어 먹는 것이 가장 좋아요.

무침 &샐러드 ★★★ 볶음 ★★☆ 튀김 ★☆☆

Point.

선조들의 사용법이 가장 바르다! 참기름과 들기름

참기름, 들기름을 비빔밥이나 나물 무침에 가장 많이 쓰는 데엔 그만한 이유가 있어요. 참기름은 발연점이 160℃로 식용유 중 가장 낮기 때문에 약간만 가열해도 연기가 나고 유해한 물질이 생성되기 쉽죠. 낮은 온도로 살짝 볶는 요리에는 사용해도 좋지만 불을 쓰는 요리는 웬만하면 다른 식용유로 조리하세요. 들기름의 발연점은 170℃로 참기름보다 좀 더 높아요. 고기요리에는 참기름으로 무친 채소를 곁들이고, 해물요리나 볶음에는 들기름을 사용하면 영양 궁합이 맞고 맛도 잘 어우러져요.

무침 &샐러드 ★★★ 볶음 ★☆☆ 튀김 BAD

Point.

비타민까지 겸비한 포도씨유

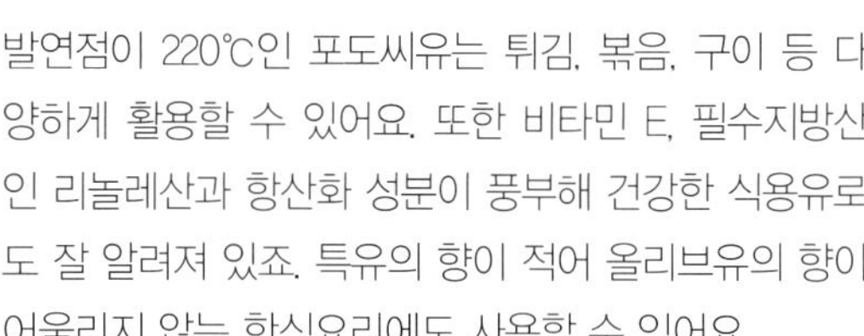

발연점이 220℃인 포도씨유는 튀김, 볶음, 구이 등 다양하게 활용할 수 있어요. 또한 비타민 E, 필수지방산인 리놀레산과 항산화 성분이 풍부해 건강한 식용유로도 잘 알려져 있죠. 특유의 향이 적어 올리브유의 향이 어울리지 않는 한식요리에도 사용할 수 있어요.

무침 &샐러드 ★★☆ 볶음 ★★★ 튀김 ★★★

Point.

미국, 유럽에서 인기 폭발 카놀라유

특유의 풍미나 향이 거의 없어 요리의 맛을 해치지 않고 건강에 해로운 포화지방산과 콜레스테롤 함유율도 식용유 중에 가장 낮아요. 240℃로 발연점도 높아 어떤 요리에 사용해도 좋은 식용유. 가열했을 때 발암물질이 쉽게 생기지 않아 튀김에도 안심하고 활용할 수있어요.

무침 &샐러드 ★★★ 볶음 ★☆☆ 튀김 ★★★

Point.

가성비 최고 콩기름

가장 대중적으로 사용되는 콩기름은 저렴한 가격과 230℃의 높은 발연점 덕분에 어떤 요리에도 부담 없이 사용할 수 있어요. 특유의 기름 향이 나기 때문에 생으로 먹는 무침 요리에는 참기름이나 들기름이 더 잘 어울려요.

무침 &샐러드 BAD 볶음 ★★★ 튀김 ★★★

TIP

미리 알자! 발연점이란?

식용유를 가열했을 때 연기가 나기 시작하는 온도. 연기가 나는 것은 타기 시작한다는 신호로 이때부터 발암물질이 나올 수 있어요. 속재료가 익기 전에 겉이 타버리는 것도 발연점이 낮은 식용유를 높은 온도로 조리했을 때 일어나기 쉬운 불상사.

08 남은 기름 버릴까 말까 

맑은 황색 기름

버리기엔 너무 아까운 맑은 기름! 잘 거르면 1주 내에 재사용이 가능하답니다. 우선 생선처럼 냄새가 강한 요리를 했다면 양파를 몇 조각 튀겨 잡내를 없애주세요. 살짝 식힌 다음 커피 여과지에 걸러주면 깨끗한 기름만 모여요. 기름은 뚜껑을 잘 닫아 빛이 없는 서늘한 곳에 보관해주세요. 이미 사용한 기름은 발연점이 낮아져 튀김요리보다는 구이나 볶음용으로 쓰는 것이 좋아요.

옅은 갈색 기름

음식에 사용하긴 찝찝하고 버리자니 아까운 상태라면 청소에 활용해보세요. 거즈나 면포에 충분히 묻힌 다음 기름때가 찌든 가스레인지나 후드를 닦아주세요. 주방세제로 가볍게 마무리하면 반짝반짝! 스티커 자국을 없애는 데도 효과적이에요. 기름을 행주에 살짝 묻혀 접착제가 남아 있는 부분을 닦으면 말끔하게 제거된답니다.

검게 탄 기름

더 이상 사용은 금물! 단호하게 버려야 할 때입니다. 싱크대에 그냥 버리면 환경에도 좋지 않을뿐더러 배수구가 꽉 막혀요. 보통 신문지를 가득 채운 우유갑에 넣어서 버리기도 하지만, 기름 응고제를 이용하면 많은 양의 기름도 깔끔하게 버릴 수 있답니다. 뜨거운 기름에 가루를 넣고 한 시간가량 식히면 젤리처럼 굳어지는데 이대로 일반 쓰레기로 배출하면 돼요. 인터넷에서 쉽게 살 수 있고 가격도 착해요.

SOS 전문가의 손길이 필요한 순간

요리하다보면 생기는 알쏭달쏭 궁금증들 인터넷을 검색해도 이렇다 할 확실한 답을 얻지 못했나요? 최고의 요리비결이 알려드리는 명쾌한 답변들을 체크해주세요. 요리에 한층 더 자신감이 붙어요.

끓일 때

Q 육수를 내야하는데 육수용 큰 멸치는 없고 볶음용 잔멸치 밖에 없는데 어쩌죠?

A 볶음용 잔멸치로도 충분히 깊고 진한 멸치육수를 낼 수 있어요. 굵은 멸치를 사용할 때보다 양을 1.5배 늘려서 넣고 육수를 내면 된답니다. 내장을 제거할 필요 없이 물에 바로 넣고 10분 정도 끓이면 돼요. 오히려 큰 멸치보다 비린내가 덜 나고 굳이 건져낼 필요도 없답니다.

Q 콩나물국 끓이기는 만만한데 천일염을 넣어도, 육수를 우려내도 국물의 진한 맛을 내기가 어려워요. 콩나물국 맛있게 끓이는 방법 없을까요?

A 콩나물국은 무침과 달리 냄비에 물과 콩나물을 넣고 푹 끓여야 구수하고 진한 맛이 나와요. 콩나물이 잠길 정도의 물을 부은 뒤 20~30분 정도 끓이다가 소금과 맛술(1큰술), 참치액(1~2큰술)으로 기호에 맞게 간을 하세요. 참치액을 사용하면 육수를 따로 내지 않아도 감칠맛과 진한 맛을 잘 살려준답니다. 간을 맞춘 뒤 송송 썬 파를 넣고 한소끔 끓여 마무리 하면 돼요.

Q 김치찌개를 할 때 찌개처럼 국물이 자작하지 않고 국처럼 흥건해져요. 식당에서 먹는 것처럼 자작하고 진한 국물 맛내는 법 없을까요?

A 찌개는 물을 많이 붓지 않고, 재료 높이의 $\frac{1}{2}$ 가량만 물을 부어 끓이다가 모자라면 가감하는 것이 좋아요. 맹물보다는 쌀뜨물을 사용하면 구수하고 진한 맛을 내기 더 좋답니다. 냄비에 참기름을 약간만 둘러 김치와 고기를 달달 볶은 뒤 김칫국물과 고추장을 더해 뭉근한 불에서 오래 끓여 주세요. 식당에서 맛봤던 김치찌개 그 이상의 맛을 재현해낼 수 있답니다.

구울 때

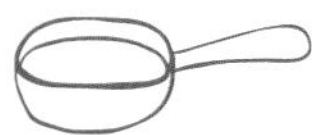

Q 갈비찜을 했는데 고기가 너무 질겨요. 부드럽게 만들 수 있는 방법 없을까요?

A 고기를 익히기 전이라면 키위나, 파인애플을 갈아 넣어 재운 뒤 사용하면 연육작용으로 인해 부드러워진답니다. 하지만 이미 익힌 상태라면 약한 불에서 1시간 이상 오래 끓이면 양념이 촉촉하게 배어 연해진답니다. 그래도 질기다 싶으면 압력솥에 넣어 한 번 더 익혀주세요.

Q 생선구이를 좋아하는데 구우면 이리 튀고 저리 튀는 기름과 비린내 때문에 해먹기가 꺼려져요. 비린내 잡는 방법 없을까요?

A 손질한 생선에 소주 혹은 청주를 듬뿍 부어 건졌다가 헹군 뒤 사용해요. 그리고 밀가루를 묻혀 기름을 살짝 둘러 구우면 비린내와 기름기를 둘 다 잡을 수 있어요. 팬을 달군 뒤 생선을 넣고 식초 한 스푼을 넣어 구우면 비린내가 완벽하게 제거되고 식감도 더 탱탱해져요.

Q 볶음밥을 만들면 항상 질고 느끼해져요.

A 고슬고슬한 볶음밥을 원한다면 뜨겁거나 진밥을 사용하면 안 돼요. 고슬고슬한 미지근한 밥이나 찰기 없는 찬밥이 좋습니다. 식용유의 양이 너무 많아도 느끼해지고, 양파, 버섯, 애호박처럼 수분이 많은 재료를 약한 불로 오래 볶으면 물이 나와서 질어져요. 센 불로 밥알을 기름에 코팅하듯 재빨리 볶아야 밥알이 나풀나풀한 볶음밥이 된답니다.

맛을 낼 때

Q **여름 무로 무김치를 담았는데 쓴맛이 너무 강하게 나요. 버리자니 너무 아깝고, 어떻게 해야 할까요?**

A 여름 무는 겨울 무보다 단맛이 적고 쓴맛이 강하답니다. 겨울 무로 김치를 담는 것이 제일 좋지만 여름 무로 담아야할 경우라면, 담기 전 무에 설탕을 충분히 뿌려 쓴맛을 제거하는 것이 제일 좋아요. 이미 김치를 담아 놨다면, 무만 건져낸 뒤 설탕을 무양의 $\frac{1}{4}$ 정도만 뿌려 실온에서 반나절 뒀다가 보관해뒀던 통에 다시 넣어 양념과 고루 버무려 주세요.

Q **뜨거운 요리에 녹말을 넣었더니 덩어리가 졌어요!**

A 녹말로 볶음요리나 소스의 걸쭉한 농도를 낼 때 먼저 준비할 사항이 있어요. 미리 찬물에 녹말을 풀어 녹말물을 만드는 것! 녹말물을 넣으면 요리의 온도가 높아지고 금방 걸쭉해지니 맨 마지막에 투입해요. 한 손으로 녹말물을 넣고 다른 손으로 계속 저어주세요.

Q **요리하다보니 음식이 너무 짜졌어요.**

A 싱거운 음식에는 간을 더하면 되지만 짠 음식은 수습이 어려워요. 이럴 때는 식초 2방울을 떨어뜨려보세요. 식초가 짠맛을 중화시켜준답니다. 그렇다고 해서 너무 많이 넣지는 마시고요.

보관할 때

Q **실온 숙성이라 하면 얼마나 해야 하죠?**

A 김치를 담근 뒤 냉장실에 바로 넣었을 경우엔 발효가 제대로 되지 않아 맛이 덜 드는데요. 이럴 땐 꼭 실온 숙성의 과정을 거쳐야 해요. 재료 및 계절에 따라 실온 숙성 기간이 다르겠지만 일반적으론 봄, 여름은 1~2일 정도, 가을과 겨울은 3~4일 정도 실온 숙성을 시키면 재료에 양념이 고루 배어 맛이 잘 어우러진 김치가 된답니다. 후엔 냉장 보관을 하여 두고두고 먹으면 돼요.

Q **하루종일 걸리는 조개 해감, 빨리하는 방법이 있나요?**

A 그동안 조개를 이용해 요리를 하기 위해 전날 해감시켜야 했어요. 하지만 식초 한스푼이면 30분만에 해감 완료! 방법은 간단해요. 조개 1컵 기준으로 조개가 잠길 만큼 물과 식초(1)를 넣고 검은 비닐로 감싸 30분간 기다려주세요. 식초의 산 성분 때문에 조개가 불순물을 더 빨리 뱉어기 때문이에요. 해감 후엔 꼭 찬물로 헹궈 식초 냄새를 없애주세요.

Q **요리 맛이 다른 무쇠팬. 관리가 까다로워요~**

A 무쇠팬은 코팅이 되어 있지 않아 사용 전에 식용유를 먹여 코팅하는 시즈닝 과정을 거쳐야 해요. 또한 요리가 끝난 뒤 뜨거울 때 찬물을 바로 끼얹어 씻으면 팬에 균열이 생길 수 있으니 한 김 식혀요. 식힌 후엔 뜨거운 물을 부어 세척하여 기름기를 제거하고, 시즈닝 작업으로 마무리 해주면 오랫동안 사용할 수 있어요.

계량법

요리를 하기 위해서 기본적으로 알아야 할 사항 중의 하나가 바로 계량법이에요.
계량은 서로 간의 약속이기 때문인데, 누가 재도 같은 양으로 측량할 수 있어야 레시피의 공유와 정확한 전달이 가능하죠. 언제 어느 때 요리를 하더라도 같은 맛을 내려면 나만의 레시피도 정확한 계량이 필수예요.
계량에서 사용하는 가장 기본 단위인 컵과 큰술, 작은술에 대해 알아볼까요?

계량컵 ★★★★

계량컵은 200ml를 기준으로 1컵이라 하는데요, 계량컵이 없을 때는 200ml 우유팩을 이용해서 우유가 들어 있던 부분에 눈금을 그어 간이용으로 사용해도 좋아요. 또는 일반 사이즈의 종이컵을 가득 채워도 1컵이 되지요.

똑같은 1컵이라고 하더라도 이것을 무게로 잴 때 물은 200g이지만 밀가루는 더 가볍고 기름은 더 무거워요. 그러므로 레시피를 보면서 부피와 무게를 동일시하는 착각은 하지 말아야 해요. 하지만 기본양념 중에서 식초나 간장과 같은 액체는 물과 거의 비슷한 양으로 보아도 좋아요.

계량을 할 때 위에서 아래를 보고 하면 정확도가 떨어지므로 반드시 눈높이를 눈금에 맞춰 계량하세요. 밀가루를 계량할 때는 밀가루를 체에 쳐 공기의 포집을 일정하게 한 뒤에 눌리거나 뭉치지 않도록 숟가락으로 담아 위를 수평으로 깎은 뒤 계량을 하고요, 버터나 흑설탕처럼 덩어리가 지기 쉬워 컵에 담을 때 중간에 공간이 생기는 것들은 꾹꾹 눌러서 계량하세요.

그 외 알아두기 ★★★★

약간 소금이나 후춧가루 등을 약간 넣었다면 엄지와 검지로 살짝 집은 정도를 말해요.

필수 재료 필수 재료는 음식을 만들기 위해 꼭 필요한 재료를 말해요.

선택 재료 선택 재료는 있으면 좋지만 기본적인 맛을 내는 데는 크게 영향을 끼치지 않는 재료를 말해요. 비슷한 재료로 바꾸거나 생략이 가능해요.

양념 설탕, 식초, 간장, 다진마늘, 고추장 등 요리의 맛을 내기 위해 쓰이는 재료를 말해요.

'+' 표시의 의미

양념장, 소스, 드레싱 등 음식을 만들기 전에 미리 섞어 놓으면 좋은 양념이에요. 미리 섞어 두면 숙성되면서 맛이 어우러져 더 깊은 맛을 내거든요.

● 컵으로 계량하기

계량스푼 ★★★★

시판되는 계량스푼은 보통 1큰술, 1작은술, $\frac{1}{2}$작은술, $\frac{1}{4}$작은술로 구성되어 있고,
양쪽으로 큰술과 작은술이 달려 있는 간단한 형태의 계량스푼도 있어요.

큰술은 영어로는 테이블스푼(Table spoon)으로 실제로 밥을 먹을 때 식탁(Table)에서 사용하는 숟가락을 기준으로 만들었다고 해요. 물을 넣어 계량했을 때 15cc를 한 큰술이라 말하고, 작은술은 영어로 티스푼(Tea spoon)이라 말하는데 말 그대로 차를 마실 때 사용하는 숟가락을 기준으로 만들었어요. 한 큰술의 $\frac{1}{3}$에 해당하는 5cc예요. 계량컵이나 계량스푼을 사용할 때 가장 중요한 것은 마치 물이 담겨져 있을 때와 마찬가지로 윗면을 언제나 평면 상태로 깎아 사용하는 것임을 잊지 마세요.

● 스푼으로 계량하기

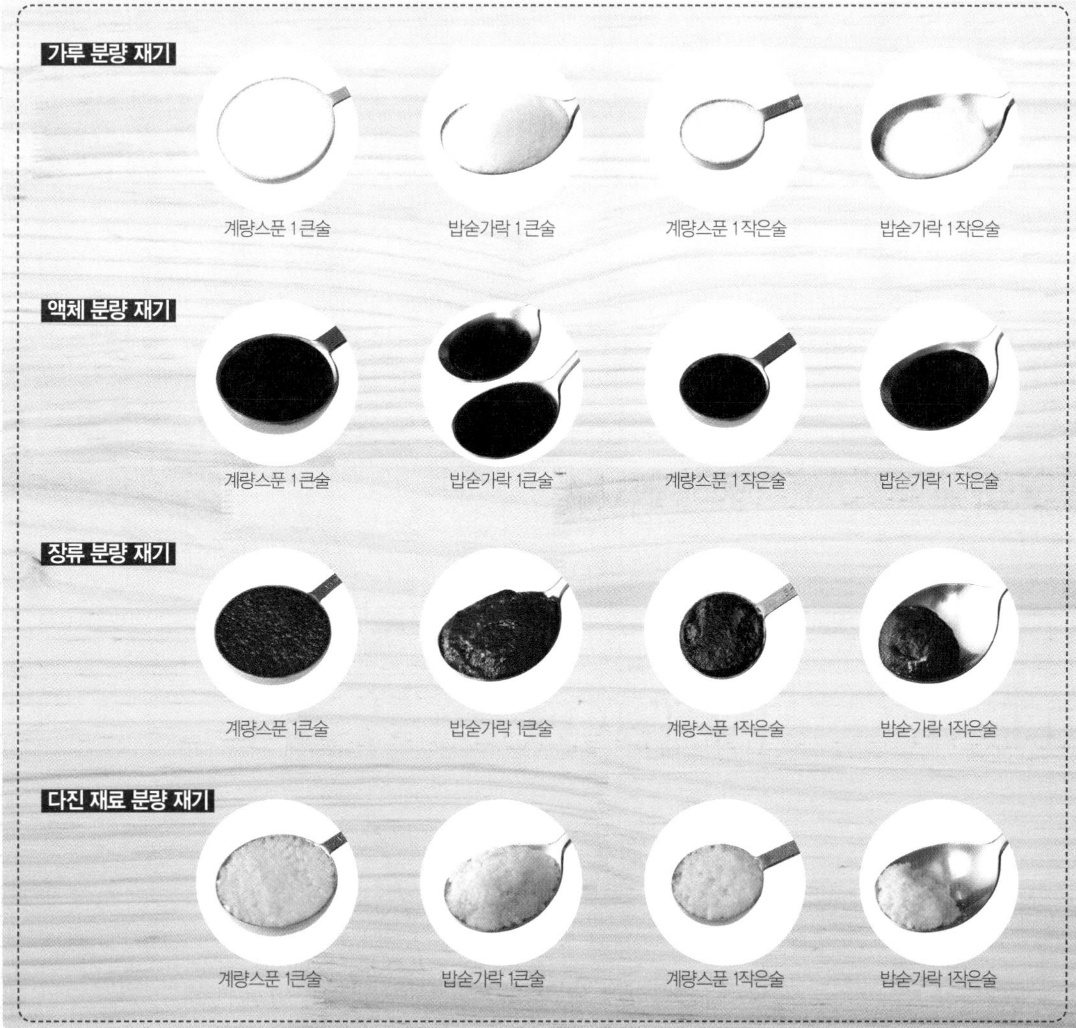

가루 분량 재기

계량스푼 1큰술 / 밥숟가락 1큰술 / 계량스푼 1작은술 / 밥숟가락 1작은술

액체 분량 재기

계량스푼 1큰술 / 밥숟가락 1큰술 / 계량스푼 1작은술 / 밥숟가락 1작은술

장류 분량 재기

계량스푼 1큰술 / 밥숟가락 1큰술 / 계량스푼 1작은술 / 밥숟가락 1작은술

다진 재료 분량 재기

계량스푼 1큰술 / 밥숟가락 1큰술 / 계량스푼 1작은술 / 밥숟가락 1작은술

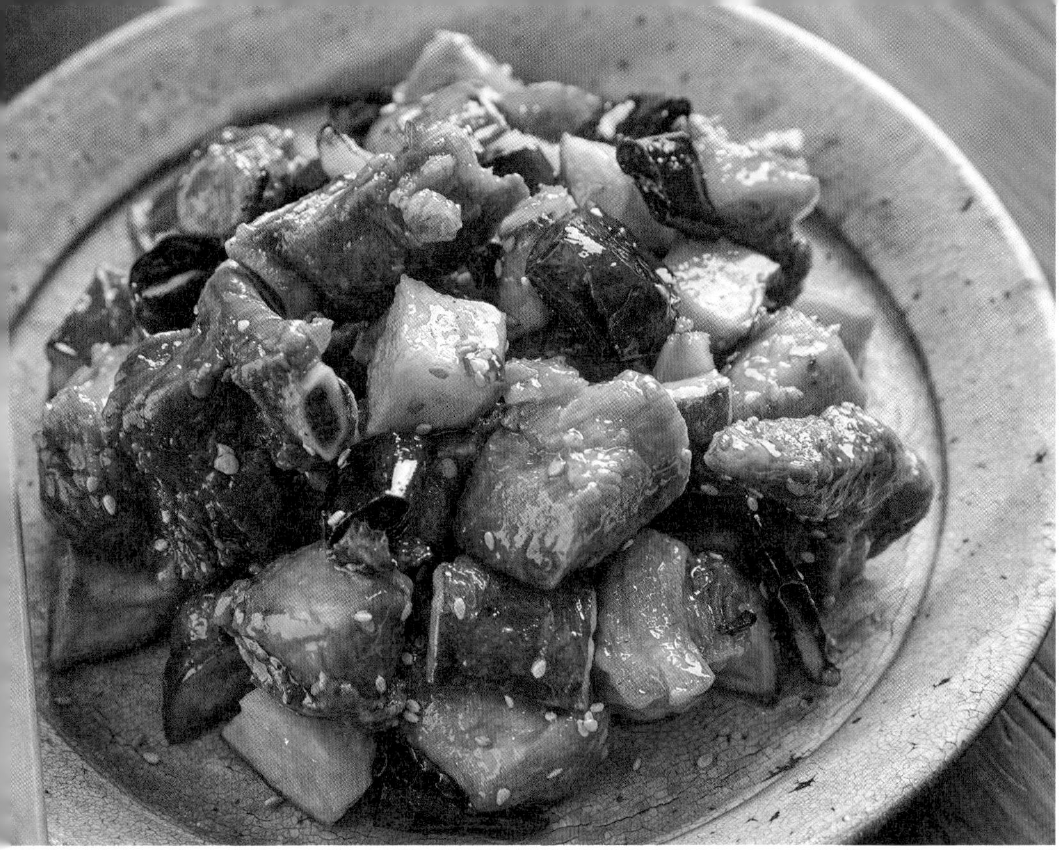

↑ P42
← P38

i

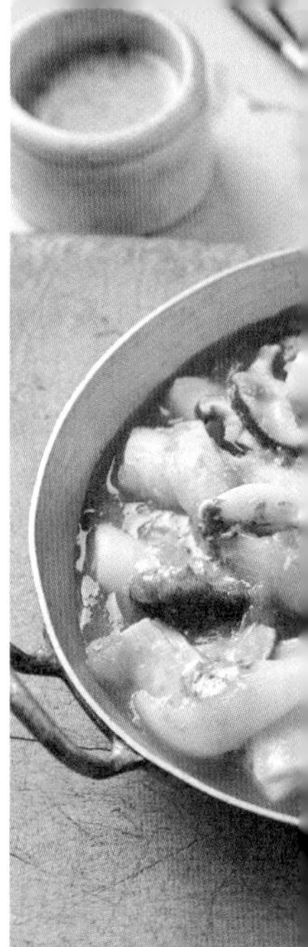

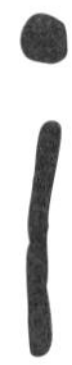

CHAPTER

시청률이 검증한 최고의 요리 20

↑ P58
← P74

우리 일상에 꼭 맞는 식재료와 요리 선생님들의 빛나는 요리 팁으로
많은 사랑을 받은 〈최고의 요리 비결〉
그중에서도 시청자들의 뜨거운 성원과 사랑에 힘입어
시청률 Top 20을 기록한 최고의 20대 요리를 엄선했습니다.
기본 반찬부터 근사한 일품 요리, 손님상에 딱 어울리는 별미까지
〈최고의 요리비결〉을 빛낸 화제의 그 레시피, 지금 만나보세요.

돼지갈비강정

by. 김덕녀 선생님 (2015년 1월 7일 방영)

찜, 구이로만 먹던 돼지갈비의 색다른 변신!
온 가족이 만장일치로 좋아할 별미 돼지갈비강정을 만들어보세요.
고기는 겉을 바삭하고 속은 촉촉하게 튀긴 다음
특제 소스에 후루룩 버무려주세요.
은은한 생강 향은 어른들 입맛을 사로잡고,
달콤한 소스는 아이들 입맛에 취향저격!

☆☆☆☆☆

달콤한 고구마 강정과 돼지갈비가 어우러져 아이들이 더 없냐고 계속 찾아요. (ID : luso***)

☆☆☆☆☆

평소에 단 음식을 별로 좋아하지 않았는데 생강향이 적절하게 균형을 잡아주니 딱이었어요! (ID : sude***)

READY | 4인분

필수 재료
돼지갈비(600g), 고구마(300g), 건고추(3개), 생강(1톨), 마늘(3쪽)

밑간
생강즙(1$\frac{1}{2}$큰술), 소금($\frac{3}{4}$작은술), 청주(1큰술), 설탕(1작은술), 다진 마늘(1작은술), 다진 대파(1큰술)

튀김옷 재료
전분($\frac{1}{2}$컵)

소스
설탕(1큰술), 간장(3큰술), 청주(2큰술), 매실청(1큰술), 물엿(2큰술), 참기름(1큰술)

양념
참깨(1큰술)

RECIPE

1 핏물을 뺀 돼지갈비(600g)는 끓는 물에 30분 정도 삶아 건지고,

TIP 밑간을 해야 돼지고기 특유의 냄새가 제거돼요.

2 삶은 돼지갈비에 **밑간**한 뒤 전분을 고루 묻히고,

TIP 튀김옷을 전분가루로 하면 식감이 쫄깃해지고 맛도 살아요

3 고구마와 건고추는 한입 크기로 썰고, 마늘과 생강은 편 썰고,

4 140℃로 예열한 식용유(3컵)에 고구마를 넣어 4~5분 정도 노릇하게 튀겨 건지고, 튀김옷을 입힌 돼지고기도 7~8분 정도 튀겨 체에 밭치고,

TIP 소금을 넣었을 때 소리를 내며 올라오면 적당한 온도예요.

TIP 고구마는 돼지갈비보다 먼저 튀겨줘야 돼지고기 냄새가 배지 않아요.

5 **소스**를 만들고,

TIP 취향에 따라 고춧가루나 청양고추를 넣어도 좋아요

TIP 향신기름으로 볶아주면 돼지갈비의 잡내가 날아가고 매콤한 맛도 살아요

6 중간 불로 달군 팬에 식용유를 둘러 손질한 고추, 생강, 마늘을 볶다가 소스, 튀긴 돼지갈비를 넣어 고루 섞고,

TIP 강정을 넣고 짧게 볶아야 강정이 눅눅하지 않고 식감이 바삭해요

7 튀긴 고구마를 넣고 4~5분 정도 볶고 참깨(1큰술)를 뿌려 마무리.

소고기버섯카레

by. 김선영 선생님 (2014년 12월 5일 방영)

김치와 카레만 있으면 밥 한 그릇은 거뜬하죠?
간식으로 즐겨 먹는 플레인 요구르트를 더하면
카레의 텁텁함을 잡아 산뜻하게 변신하네요.
감자, 양파 등은 큼직하게 썰어 넣어야
쉽게 으스러지지 않는답니다.

☆☆☆☆☆

플레인 요구르트를 넣으니 텁텁하지 않고 딱이에요.
(ID : d2d2***)

☆☆☆☆☆

심심할 수 있는 카레맛에 소고기와 버섯, 플레인 요구르트까지 더하니 순하고 고소해서 아이들도 잘 먹네요.
(ID : bjst***)

READY | 4인분

필수 재료
소고기(앞다릿살 200g), 감자(2개), 새송이버섯(2개)

선택 재료
양파(1개), 당근($\frac{1}{3}$개)

카레 양념
카레가루(100g), 고운 고춧가루(2작은술), 설탕(2작은술), 소금(약간), 후춧가루(약간), 간장(2작은술), 다진 마늘(2작은술)

카레 양념
소금(약간), 후춧가루(약간), 플레인 요구르트(6큰술)

RECIPE

TIP 버섯의 쫄깃한 식감이 고기와 비슷해 씹는 맛을 더해줘요.

1 소고기, 감자, 양파, 새송이버섯은 한입 크기로 깍둑 썰고, 당근은 약간 작게 깍둑 썰고,

2 **카레 양념**을 만들고,

3 중간 불로 달군 팬에 식용유(1큰술)를 둘러 한입 크기로 썬 소고기를 넣고 소금(약간), 후춧가루(약간)로 간한 뒤 볶고,

4 소고기 겉면이 익으면 감자를 넣어 감자의 겉이 투명해질 때까지 볶고,

거품은 제거해주세요. TIP

5 당근, 양파, 새송이버섯을 넣어 당근이 익을 때까지 볶다가 물(6컵)을 부어 10분 정도 끓이고,

TIP 플레인 요구르트 대신 코코넛 밀크, 생크림을 넣어도 좋아요~

6 카레 양념을 넣고 뚜껑을 덮은 뒤 5분 정도 끓이고 플레인 요구르트(6큰술)를 넣어 골고루 저어 한소끔 끓여 마무리.

토마토떡볶이

by. 김선영 선생님 (2015년 10월 1일 방영)

새콤 달콤 토마토를 통째로 갈아 소스를 만들었어요.
멸치액젓으로 간해 감칠맛을 더했어요.
많이 맵지 않아 떡볶이를 못 먹는 아이들도 정말 잘 먹어요.
남은 소스는 스파게티 혹은 리소토에 활용해도 좋아요.

☆☆☆☆☆

토마토를 넣으니 감칠맛도 살아나고 너무 맵지 않아서 좋았어요. (ID : 20in***)

READY | 4인분

필수 재료
토마토(3개), 떡볶이떡(400g), 빨강 파프리카(2개), 마늘(3쪽), 양파($\frac{1}{3}$개), 새송이버섯(1개)

선택 재료
표고버섯(2개)

바질 소스
바질(10g), 올리브유(4큰술)

양념
설탕(1큰술), 소금(약간), 멸치액젓(2큰술)

RECIPE

1 토마토는 열십자로 칼집을 낸 뒤 끓는 물에 넣어 살짝 데쳐 찬물에 담가 껍질을 벗기고,

2 끓는 물에 떡볶이떡을 살짝 데쳐 찬물에 헹구고,

3 껍질 벗긴 토마토와 빨간 파프리카는 큼직하게 썰고,

4 양파와 표고버섯은 굵게 채 썰고, 새송이버섯은 4등분해 납작 썰고,

5 믹서에 큼직하게 썬 토마토와 파프리카, 마늘을 넣고 갈아 토마토 소스를 만들고

TIP 믹서기에 토마토가 잘 갈리지 않으면 물을 약간 넣어요.

6 다른 믹서에 바질, 올리브유(4큰술)를 넣고 곱게 갈아 **바질 소스**를 만들고,

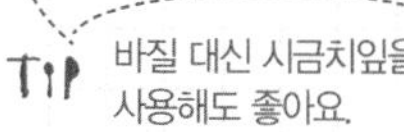

TIP 바질 대신 시금치잎을 사용해도 좋아요.

7 팬에 토마토 소스와 떡볶이떡, 손질한 채소를 넣어 끓어오르면 **양념**하고 한소끔 끓여 마무리.

TIP 멸치액젓 대신 앤초비를 사용해도 좋아요. 바질 소스를 곁들여도 별미예요.

시금치바지락솥밥

by. 방영아 선생님 (2017년 4월 5일 방영)

두툼한 솥에다가 지은 밥은 그냥 먹어도 맛있죠?
바지락의 짭조름한 맛과 시금치의 향을 가득 담아
뭉근하게 지어내면 밥맛이 배가된답니다.
풋고추를 쫑쫑 썰어 넣은 양념장에 참기름만 딱 한 방울만 얹어 보세요.
게 눈 감추듯 뚝딱 비워내실 거예요.

☆☆☆☆☆

바지락 맛이 전체를 잡아주면서 보기에도 너무 예뻐서 손님상에도 딱이었어요. (ID : joow***)

READY | 4인분

필수 재료
바지락살(120g), 새송이버섯($\frac{1}{2}$개), 시금치(100g), 당근($\frac{1}{3}$개), 불린 쌀(3컵)

밑간
청주(1큰술), 다진 양파(1큰술)

양념
굵은 소금(약간), 소금($\frac{1}{3}$작은술+약간), 들기름(1작은술)

양념장
간장(3큰술), 다진 파(2큰술), 다진 홍고추(1개), 다진 풋고추(1개), 맛술(2큰술), 참기름(1작은술), 깨소금($\frac{1}{2}$작은술)

RECIPE

TIP 바지락살에 청주, 다진 양파를 섞어 밑간을 하면 비린내를 잡아줘요.

1 바지락살은 굵은 소금으로 바락바락 문지른 뒤 흐르는 물에 헹궈 **밑간**하고,

TIP 채소를 데칠 때 소금을 넣으면 색이 더 선명해져요.

TIP 단단한 줄기 부분 먼저 넣어 30초 정도 데쳐요.

2 새송이버섯은 얇게 썰고, 시금치는 밑동을 잘라 낱낱이 뜯어 깨끗이 헹구고, 당근은 3~4cm 길이로 채 썰고,

3 끓는 소금물(물4컵+소금$\frac{1}{3}$작은술)에 시금치를 데쳐 찬물에 헹궈 물기를 꼭 짠 뒤 한입 크기로 썰어 들기름(1작은술), 소금(약간)을 넣어 버무리고,

4 **양념장**을 만들고,

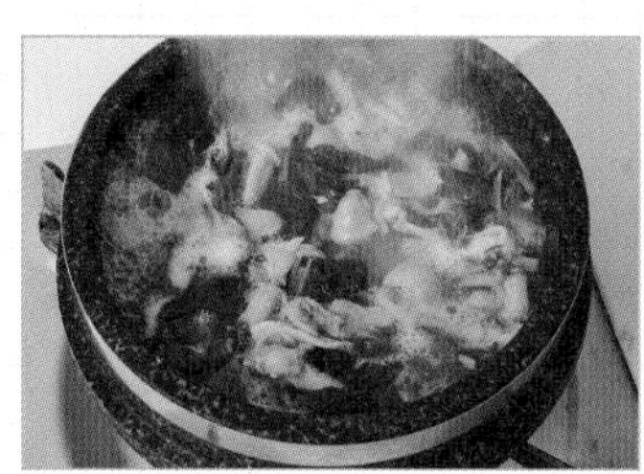

5 돌솥에 불린 쌀, 물(3$\frac{3}{5}$컵), 밑간한 바지락살, 시금치, 채 썬 당근을 넣어 중약불에 끓이고,

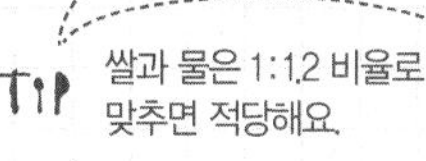

TIP 쌀과 물은 1:1.2 비율로 맞추면 적당해요.

6 밥물이 끓어오르면 중약 불에서 10분 정도 더 끓이다가 불을 끈 뒤 새송이버섯을 넣어 3~5분 정도 뜸 들이고,

TIP 밥물이 끓어 넘치지 않도록 뚜껑은 살짝 열어주세요.

7 그릇에 밥을 담고 양념장을 곁들여 마무리.

연어구이

by. 방영아 선생님 (2017년 4월 4일 방영)

고소한 맛이 일품인 부드러운 연어 살에
간장으로 감칠맛을 더한 소스를 골고루 입혀 구워냈어요.
양파가 듬뿍 들어가 느끼함을 잡아주고, 부드러운 브로콜리가 식감도 올려줘요.
연어 곳곳에 짭짤하게 간이 배어 근사한 일품요리는 물론 술안주로도 좋아요.

☆☆☆☆☆
연어는 항상 진리죠. 레시피대로 소스를 만들었더니 고급식당에 온 것 같았어요. (ID : toks***)

READY | 2인분

필수 재료
연어(250g), 브로콜리(80g)

밑간
청주(1큰술), 올리브유(1작은술), 후춧가루(약간)

소스
간장(1큰술), 맛술(2큰술), 굴소스(1큰술), 올리고당(2큰술), 다진 양파(1큰술)

TIP 연어에 올리브유를 뿌려 밑간을 하면 더욱 부드럽고 촉촉해요.

RECIPE

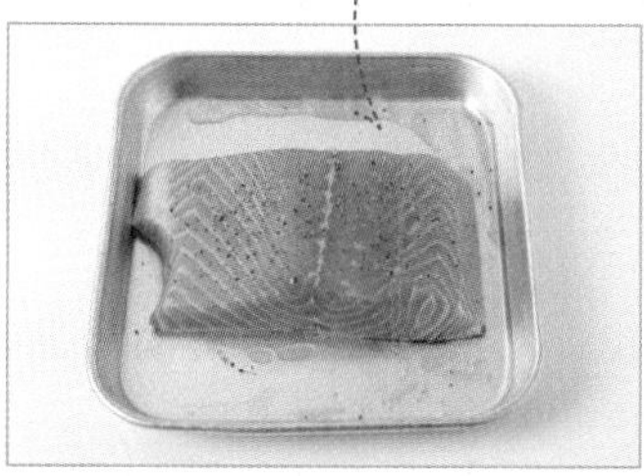

1 연어에 **밑간**을 하고,

2 브로콜리는 한입 크기로 뗀 뒤 흐르는 물에 깨끗이 씻고,

3 끓는 소금물(물3컵+소금1작은술)에 브로콜리를 30~40초 정도 데쳐 찬물에 헹궈 건지고,

4 **소스**를 만들고,

5 중간 불로 달군 팬에 올리브유(1큰술)를 둘러 연어의 겉 부분만 앞뒤로 노릇하게 굽고,

TIP 연어는 살 부분 먼저 구워야 오그라들지 않아요.

6 약한 불로 줄인 뒤 소스를 부어 10분간 조리고,

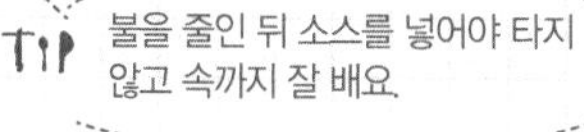

TIP 불을 줄인 뒤 소스를 넣어야 타지 않고 속까지 잘 배요.

7 브로콜리를 넣고 센 불로 올려 5분간 조려 마무리.

명란감자그라탱

by. 안세경 선생님 (2013년 1월 11일 방영)

손쉽게 구할 수 있는 재료와 간편한 조리법으로
요리 초보도 거뜬히 만들 수 있는 근사한 그라탱이에요.
생크림에 촉촉하게 적신 감자를 깔고 그 위에 짭조름한 명란젓을 곁들인 뒤 치즈도 듬뿍 올려주세요.
부드럽고 고소한 맛의 조합이 일품이에요.

☆☆☆☆☆

살짝 느끼할 수도 있는 그라탱에 명란젓을 곁들이니 최고예요. (ID : eunk***)

☆☆☆☆☆

오븐에 구워 노릇한 윗면을 떠먹고 부드럽고 촉촉한 속을 한술 뜨면 고소한 맛이 제대로에요! (ID : grtm***)

READY | 2~3인분

필수 재료

감자(3개), 우유(1컵), 명란젓(60g), 생크림($\frac{1}{2}$컵), 모차렐라 치즈(110g)

양념

통후추(1작은술), 버터(1작은술)

RECIPE

1 껍질을 벗긴 감자는 채칼을 이용해 얇게 슬라이스하고,

2 끓는 물(1컵)에 얇게 썬 감자, 우유를 넣어 중간 중간 저어주며 4분 정도 익혀 건지고,

TIP 감자는 전분이 가라앉아 타기 쉬우니 저어가며 익혀주세요.

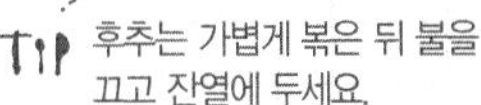

TIP 후추는 가볍게 볶은 뒤 불을 끄고 잔열에 두세요.

3 약한 불로 달군 팬에 통후추(1작은술)를 볶은 뒤 칼 옆면으로 눌러 굵게 부수고,

4 명란젓은 반 갈라 껍질을 벗겨 알만 발라낸 뒤 생크림을 넣어 골고루 섞고,

5 오븐용기에 버터(1작은술)를 바른 뒤 삶은 감자→생크림을 섞은 명란젓→모차렐라치즈→굵게 부순 통후추 순으로 반복해서 담고,

TIP 그릇에 버터를 발라주면 고소함을 더해줘 더욱 맛있어요.

6 200℃로 예열한 오븐에 넣어 8분 정도 노릇하게 구워 마무리.

한알탕수육

by. 여경래 선생님 (2017년 5월 10일 방영)

한입에 쏙쏙~ 메뉴명 그대로 한알씩 먹기 딱 좋은 탕수육이에요.
전분을 입혀 겉은 바삭하고 쫀득쫀득함이 살아 있고요.
반죽을 최소화해 고깃살이 두툼하게 씹혀요.
채소와 과일이 어우러져 달콤한 소스에 찍어도
또는 부어서 완전히 적셔 먹어도 좋아요.

RECIPE

1 오이, 당근은 반 갈라 도톰하게 어슷 썰고, 불린 목이버섯과 파인애플은 한입 크기로 썰고, 체리는 2등분하고,

2 돼지고기는 1.5×1.5cm 크기로 썰고,

READY | 2인분

필수 재료
오이(30g), 당근(30g), 파인애플(링 2개), 돼지고기(안심 170g)

선택 재료
불린 목이버섯(2개), 체리(약간), 완두콩(1큰술)

반죽 재료
전분(2컵), 물(1컵)

소스 재료
당근(30g), 오이(30g), 체리(약간), 완두콩(1큰술), 파인애플(1개), 불린 목이버섯(2개), 물(1컵), 설탕(5큰술), 식초(3½큰술), 전분물(4큰술), 양조간장(2큰술)

TIP 감자전분을 사용하면 바삭한 식감을 살릴 수 있어요.

☆☆☆☆☆
느끼하지 않고 바삭하면서 쫀득해서 너무 좋았어요.
(ID : ine2***)

3 전분(200g)에 물(1컵)을 섞은 뒤 전분이 가라앉으면 윗물은 따라 내고 돼지고기를 넣어 버무려 하나씩 떼어 놓고,

4 **소스**를 만들고,

5 170℃로 달군 식용유(3컵)에 돼지고기를 넣어 1분 30초 정도 튀겨 건지고,

TIP 튀긴 고기를 숟가락으로 두세 번 두드려주면 수분이 빠져 더 바삭해요.

6 센 불로 올려 한 번 더 튀기고,

7 중간 불로 달군 팬에 소스를 부어 끓어오르면 손질한 재료를 넣어 끓이다가 전분물(4큰술)을 조금씩 나눠 넣고,

TIP 전분물은 나눠 넣어야 농도 맞추기가 수월해요

8 소스 농도가 걸쭉해지면 튀긴 고기를 버무리고 그릇에 담아 마무리.

TIP 소스는 꿀처럼 걸쭉한 농도가 적당해요.

소면냉채

by. 이순옥 선생님 (2014년 5월 19일 방영)

감칠맛 확 도는 매콤한 고추장 소스와
코끝을 톡 쏘는 깔끔한 연겨자 소스로 맛을 낸 국수 요리예요.
달콤 고소한 묵은지와 담백한 소고기를 곁들여
탱탱한 면발을 크게 둘러 한입 가득 즐겨보세요.

RECIPE

TIP 사과에 설탕을 뿌려두면 색이 변하지 않아요.

1 껍질 벗긴 사과는 채 썰고, 오이, 깻잎도 채 썰고, 홍피망과 노란 파프리카는 반 갈라 씨를 제거한 뒤 채 썰고,

READY | 2인분

필수 재료
사과($\frac{1}{2}$개), 오이($\frac{1}{3}$개), 깻잎(10장), 묵은지(100g), 채 썬 소고기(우둔살 100g), 국물용 멸치(10g), 소면(200g)

선택 재료
홍피망(1개), 노란 파프리카($\frac{1}{2}$개)

묵은지 양념
설탕(1작은술), 깨소금(약간), 참기름(1작은술)

밑간
다진 마늘(1작은술), 설탕(1작은술), 간장(1큰술), 후춧가루(약간)

양념
감자전분(1작은술), 검은깨(적당량)

연겨자 소스
멸치육수($\frac{1}{2}$컵), 설탕(1큰술), 소금(1작은술), 식초(2큰술), 간장(1큰술), 연유(2큰술), 연겨자($1\frac{1}{2}$큰술)

고추장 소스
멸치육수($\frac{1}{4}$컵), 설탕(2큰술), 식초(2큰술), 다진 마늘(1큰술), 사이다(1큰술), 고추장($2\frac{1}{2}$큰술), 물엿(1큰술)

2 묵은지는 채 썰어 찬물에 헹군 뒤 **묵은지 양념**에 버무리고, 채 썬 소고기는 **밑간**하고,

TIP 고기에 감자전분을 넣고 볶으면 육즙도 유지되고 윤기도 살아요.

TIP 소스를 냉장고에 30분 정도 숙성시키면 감칠맛이 더 잘 살아요.

3 중간 불로 달군 팬에 식용유(약간)를 둘러 밑간한 소고기를 넣어 색이 변할 때까지 볶다가 감자전분(1작은술)을 넣어 고루 섞고,

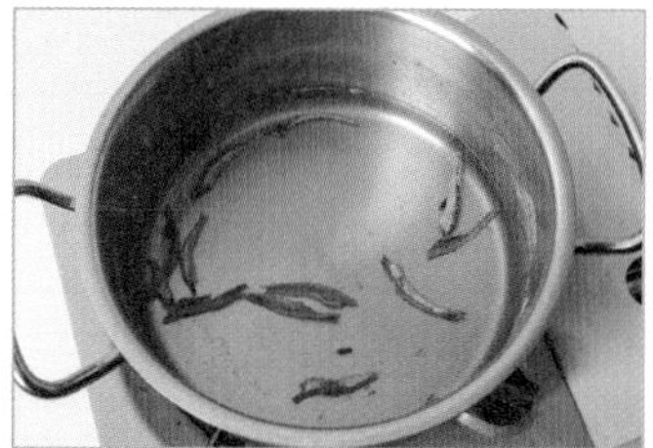

4 중간 불로 달군 냄비에 멸치를 넣어 볶다가 물(4컵)을 붓고 뚜껑을 덮은 뒤 2~3분 정도 끓여 **멸치육수**를 만들고,

5 멸치육수($\frac{1}{2}$컵)에 **연겨자 소스**를 넣어 골고루 섞고, 멸치육수($\frac{1}{4}$컵)에 **고추장 소스**를 넣어 골고루 섞고,

6 끓는 물(4컵)에 소면을 넣어 끓어오르면 찬물($\frac{1}{3}$컵)을 넣기를 3번 반복한 뒤 건져 찬물에 헹구고,

7 볼에 삶은 소면과 손질한 재료를 넣어 각각 소스를 넣어 버무린 뒤 검은깨(약간)를 뿌리고,

8 두 가지 소스에 버무린 소면을 그릇에 담아 마무리.

초계냉모밀국수

by. 이종임 선생님 (2014년 7월 16일 방영)

함경도 이북에서 유래한 겨울 전통음식 초계탕!
닭육수에 메밀국수와 새콤한 소스를 더한 이 별미를 집에서 쉽게 만들어보세요.
아삭한 채소 가득, 담백한 닭고기 살도 곁들여
맛은 물론 영양도 든든히 책임져요.

READY | 4인분

필수 재료
양배추($\frac{1}{4}$통), 오이($\frac{1}{2}$개), 무초절임(100g), 메밀면(300g), 시판 냉면육수(1봉)

선택 재료
적양배추($\frac{1}{4}$개), 방울토마토(3개)

닭육수 재료
생강(1톨), 마늘(5쪽), 양파($\frac{1}{2}$개), 대파($\frac{1}{2}$개), 닭(1마리), 소금(약간)

양념
겨자(1큰술), 식초($\frac{1}{2}$큰술), 유자청(1큰술), 소금(1큰술)

RECIPE

1 양배추, 오이, 무초절임, 적양배추는 채 썰고, 방울토마토는 모양대로 3~4등분하고,

2 생강, 마늘은 편으로 썰고, 양파와 대파는 큼직하게 4등분하고,

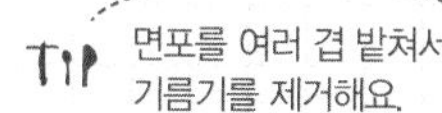

3 닭은 4등분해 핏물과 지방을 제거하고,

4 끓는 물에 손질한 **닭육수 재료**를 넣어 40~50분 정도 끓인 뒤 면포에 걸러 육수를 차갑게 식혀 두고,

5 닭고기는 살만 발라 결대로 찢고,

6 끓는 물(5컵)에 메밀면을 넣어 7분 정도 삶아 건지고,

7 그릇에 삶은 메밀면을 담아 채 썬 양배추, 오이, 무초절임, 적양배추를 얹은 뒤 닭고기, 방울토마토를 올리고,

8 닭육수와 시판 냉면육수($1\frac{1}{2}$컵)를 섞고 **양념**한 뒤 그릇에 부어 마무리.

마늘종볶음밥

by. 임미자 선생님 (2016년 7월 11일 방영)

늘 볶아만 먹던 마늘종을 더해 한 그릇 요리를 만들어보세요.
마늘 풍미를 두른 기름에 볶아 마늘종의 달큰함을 은은하게 살렸답니다.
달걀과 베이컨으로 고기의 아쉬움을 채웠더니
아이들도 투정 없이 깨끗하게 비우네요.

☆☆☆☆☆

먹을 때 식감이 너무 좋은 마늘종! 아이들도 잘 먹더라고요. (ID : nan9***)

READY | 2인분

필수 재료
마늘종(9대), 밥(1공기), 마늘(10쪽), 달걀(1개), 양파($\frac{1}{3}$개)

선택 재료
베이컨(2장), 당근(50g)

양념
굴소스(1큰술), 들기름(1큰술), 참깨(1큰술), 청주(1큰술), 케첩(약간)

RECIPE

TIP 끓는 소금물에 넣어 데치면 색이 더 살아나요.

1 마늘종은 끓는 소금물(물3컵+소금 1작은술)에 살짝 데쳐 건져 찬물에 헹구고,

TIP 마늘을 먼저 바삭하게 볶아주면 식감이 더욱 좋아요.

TIP 굴소스가 없다면 소금 또는 고추장으로 간을 해도 좋아요.

TIP 식은 밥으로 볶아야 고슬고슬한 식감이 잘 살아요.

2 데친 마늘종은 송송 썰고, 마늘은 편 썰고, 당근과 양파는 잘게 썰고, 베이컨은 한입 크기로 썰고,

3 중간 불로 달군 팬에 식용유(1큰술)를 둘러 마늘, 당근, 양파를 볶다가 마늘종과 베이컨, 청주(1큰술)를 넣어 볶고,

4 약한 불로 줄여 밥을 고루 섞은 뒤 굴소스(1큰술), 들기름(1큰술), 참깨(1큰술)를 넣어 볶고,

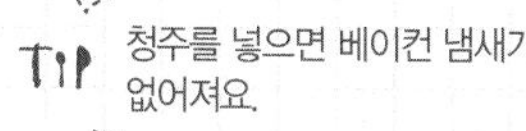

TIP 청주를 넣으면 베이컨 냄새가 없어져요.

TIP 케첩을 곁들여도 좋아요.

5 달걀은 소금을 넣어 고루 푼 뒤 중간 불로 달군 팬에 식용유를 둘러 에그 스크램블을 만들어 꺼내고,

6 볶은 밥에 에그 스크램블을 넣어 섞고 통깨(1큰술)을 뿌려 마무리.

무말랭이오징어무침

by. 임효숙 선생님 (2016년 12월 20일 방영)

찬장 속 쟁여둔 무말랭이가 있다면 술을 부르는 별미 안주를 만들어보세요.
구미 당기는 식초의 새콤함을 더한 양념에 탱글한 오징어, 꼬들꼬들 무만 넣어 버무리면 돼요.
미나리는 마지막에 더해야 풋풋함이 오래도록 살아 있어요.

☆☆☆☆☆

매콤새콤 쫄깃쫄깃한 게 술안주로 정말 최고! (ID : ddnk***)

☆☆☆☆☆

편식하는 우리 아이들, 평소엔 무만 골라 먹더니 오징어인 줄 알고 함께 집었다가 맛있어서 이젠 둘 다 잘 먹네요. (ID : mwmr***)

TIP 오징어 껍질을 벗길 때 키친타월을 이용하면 수월해요.

READY | 2~3인분

필수 재료
오징어(1마리), 무말랭이(1줌)

선택 재료
미나리(10대)

양념
소금(1작은술+약간), 청주(약간), 다진 생강(1작은술), 참기름($\frac{1}{2}$큰술), 참깨(약간)

양념장
설탕($\frac{1}{2}$큰술), 고춧가루(1큰술), 식초(2큰술), 생강술(1큰술), 다진 마늘($\frac{1}{2}$큰술), 다진 생강(2큰술), 다진 파($\frac{1}{2}$큰술),고추장(1큰술)

RECIPE

TIP 오징어는 살짝 데쳐 바로 찬물에 헹궈야 비린내가 안나요.

TIP 무말랭이를 불릴 때 다진 생강을 넣어주면 잡내가 사라져요.

1 오징어는 반 갈라 안쪽에 사선으로 칼집을 낸 뒤 반대 방향도 칼집을 내어 한입 크기로 썰고,

2 끓는 소금물(물2컵+소금1작은술)에 청주(약간)를 넣고 오징어를 살짝 데쳐 찬물에 헹군 뒤 체에 밭쳐 물기를 빼고,

3 무말랭이는 씻어 물에 담가 다진 생강(1작은술)을 넣어 30분 정도 불리고, 미나리는 한입 크기로 썰고,

4 **양념장**을 만들고,

5 양념장에 불린 무말랭이, 오징어, 미나리, 참기름($\frac{1}{2}$큰술)을 넣고 무친 뒤 참깨(약간)를 뿌려 마무리.

오삼불고기 by. 정미경 선생님 (2017년 2월 21일 방영)

푸짐함과 입맛을 자극하는 감칠맛에
남녀노소 다 좋아하는 오삼불고기의 비법은 바로 양념장에 있어요.
오징어와 삼겹살의 육즙을 꽉 가둔 뒤 비법 양념장을 더해 후루룩 볶아치면
맛있다고 말하기 입 아플 정도로 엄지 척척!
싱싱한 쌈채소와 곁들여 더 풍성하게 즐겨보세요.

RECIPE

TIP 삼겹살에 앞뒤로 칼집을 내면 빨리 익고 양념이 고루 잘 배요.

1 삼겹살은 사선으로 칼집 낸 뒤 한입 크기로 썰고,

TIP 오징어 다리는 많이 수축하니 그대로 사용해도 좋아요.

TIP 오징어 안쪽에 칼집을 내야 수축하지 않고, 빨리 익고 양념도 잘 배요.

2 오징어 몸통은 3등분해 껍질을 벗겨 안쪽에 X자로 칼집을 낸 뒤 한입 크기로 썰고, 다리도 한입 크기로 썰고,

READY | 4인분

필수 재료
삼겹살(150g), 오징어(1마리), 양파($\frac{1}{2}$개), 풋고추(1개)

선택 재료
홍고추(1개), 마늘(1쪽), 생강(1톨), 대파 흰대($\frac{1}{2}$대)

양념장
설탕(1큰술), 고춧가루(1큰술), 후춧가루(약간), 간장(1큰술), 다진 마늘(1큰술), 다진 생강(1작은술), 고추장(3큰술), 참깨($\frac{1}{2}$작은술), 참기름(1작은술)

☆☆☆☆☆

완전 밥도둑 오삼불고기! 양파를 살짝만 볶아서 물기를 줄이니 더 맛있어요.
(ID : jm6l***)

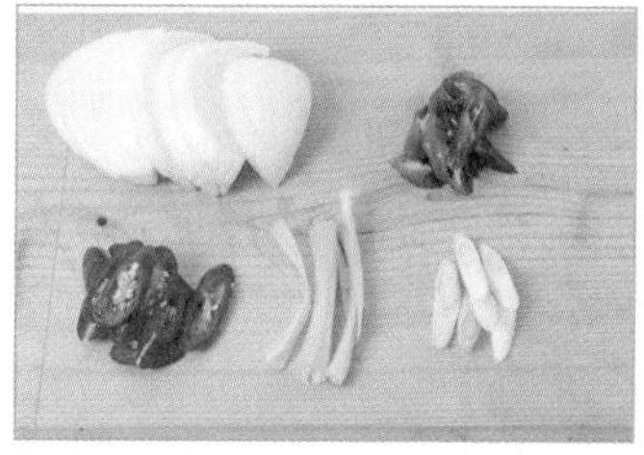

3 양파는 굵게 채 썰고, 풋고추, 홍고추는 어슷 썰고, 대파 흰대 절반은 얇게 썰고, 나머지는 어슷 썰고,

4 마늘은 편 썰고, 생강은 채 썰고,

5 **양념장**을 만들고,

TIP 더 매콤한 양념장을 원할 땐 고춧가루를 추가해주세요.

TIP 향채소를 먼저 기름에 볶아주면 오징어, 삼겹살의 누린내를 잡아줘요.

6 중간 불로 달군 팬에 식용유(1큰술)를 둘러 마늘, 생강, 얇게 썬 대파를 볶다가 센 불로 올려 삼겹살을 노릇하게 익히고,

TIP 대파, 마늘, 생강이 탈 수 있으니 팬이 완전히 달궈지기 전에 볶아주세요.

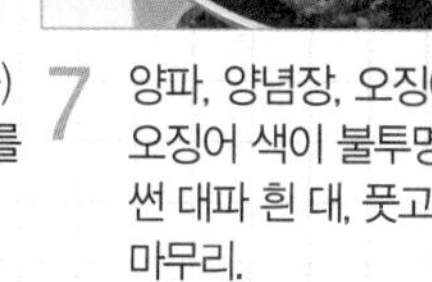

TIP 삼겹살을 먼저 익힌 뒤 오징어를 넣어야 오징어가 질겨지지 않아요.

7 양파, 양념장, 오징어를 넣어 볶다가 오징어 색이 불투명하게 변하면 어슷 썬 대파 흰 대, 풋고추, 홍고추를 넣어 마무리.

반미샌드위치

by. 정미경 선생님 (2018년 5월 4일 방영)

반미샌드위치는 베트남식 바게트의 반을 갈라 채소,
고기 등 다양한 속 재료를 넣어 만든 샌드위치예요.
이 샌드위치를 한국인 입맛에 맞게 새콤하게 절인 무와 당근, 쫄깃한 대패삼겹살을 더해 집에서도 즐겨보세요.
마늘의 알싸함이 더해진 소스와 달콤 고소한 마요칠리소스가 재료와 잘 어우러져요.
삼겹살 대신 새우 또는 햄을 넣어도 좋아요.

RECIPE

TIP 고수는 취향에 따라 사용해요.

1 무와 당근은 얇게 채 썰고, 오이는 어슷 썰고, 고수는 잘게 썰고, 청양고추는 송송 썰고,

TIP 물기를 완전히 제거해야 바게트가 눅눅해지지 않아요.

2 채 썬 무와 당근은 절임물에 30~40분 정도 절인 뒤 건져 물기를 꼭 짜고,

READY | 4인분

필수 재료
무(200g), 당근(1개), 오이(100g), 쌀바게트(2개), 대패삼겹살(200g)

선택 재료
고수(40g), 청양고추(10g)

절임물
설탕(3큰술), 소금(2작은술), 식초(3큰술)

마늘 소스
설탕(1큰술), 식초(1큰술), 피시소스(1큰술), 다진 마늘(1큰술)

마요칠리 소스
설탕(2작은술), 피시소스(2작은술), 마요네즈(4큰술), 스리라차 소스(4큰술)

양념장
설탕($\frac{1}{2}$큰술), 후춧가루(약간), 간장(1큰술), 다진 마늘($\frac{1}{2}$큰술), 다진 생강($\frac{1}{2}$작은술), 굴소스($\frac{1}{2}$큰술), 참기름(1작은술)

TIP 대패삼겹살 대신 익힌 닭가슴살이나 게맛살을 가늘게 찢어서 곁들여도 좋아요.

TIP 칵테일 새우(150g)에 소금(약간), 후춧가루(약간)로 밑간한 뒤 달군 팬에 볶아 넣어도 좋아요.

3 **마늘 소스**와 **칠리 소스**를 만들고,

4 **양념장**을 만든 뒤 대패삼겹살을 넣어 고루 버무리고,

5 센 불로 달군 팬에 식용유(약간)를 둘러 양념한 대패삼겹살을 볶아 꺼내고,

6 바게트는 반 갈라 속을 약간 파낸 뒤 중간 불로 달군 팬에 앞뒤로 노릇하게 굽고,

7 구운 바게트에 칠리소스를 골고루 바른 뒤 절인 무, 당근, 볶은 대패삼겹살을 얹고,

8 송송 썬 청양고추, 오이, 고수를 올린 뒤 마늘소스(1큰술)를 끼얹어 마무리.

치킨가라아게

by. 최인선 선생님 (2017년 5월 25일 방영)

가라아게는 보들보들한 닭다릿살에 양념해
바삭하게 튀기는 일본식 닭튀김이에요.
술안주로도 많이 먹지만 일품 반찬 또는
아이들 간식으로도 손색없어요.
피클을 다져 넣은 상큼한 마요 소스와
아삭한 양파채를 곁들이면 느끼함도 꽉 잡아준답니다.

READY | 4인분

필수 재료
닭다릿살(200g), 양파($\frac{1}{8}$개), 쪽파(약간), 검은깨($\frac{1}{2}$작은술), 레몬 슬라이스(3개)

밑간
소금(약간), 다진 마늘(1큰술), 후춧가루(1큰술)

반죽 재료
달걀(1개), 소금(1작은술), 후춧가루(1작은술), 박력분(2큰술), 감자전분($2\frac{1}{2}$큰술), 치킨파우더(1작은술), 물(1큰술)

소스
후춧가루($\frac{1}{2}$작은술), 레몬즙(1작은술), 다진 마늘(1큰술), 마요네즈(3큰술), 다진 양파(1큰술), 다진 오이 피클(1큰술)

RECIPE

1 닭다릿살에 칼집을 낸 뒤 한입 크기로 썰어 **밑간**해 1시간 정도 재우고,

TIP 거품기를 사용하면 달걀이 고루 풀어지고 식감도 훨씬 부드러워져요.

TIP 밀가루와 감자전분은 1:1.2 비율 정도로 섞어요.

2 달걀은 곱게 푼 뒤 나머지 **반죽 재료**를 고루 섞고,

3 반죽에 밑간한 닭다릿살을 넣어 가볍게 버무리고,

4 양파는 얇게 채 썰고, 쪽파는 송송 썰고, **소스**를 만들고,

TIP 반죽을 살짝 떨어뜨려 바로 떠오르면 알맞은 온도예요.

5 170℃로 예열된 식용유(4컵)에 반죽옷을 입힌 닭다릿살을 1분 30초 정도 튀겨 건진 뒤 한 김 식히고,

6 센 불로 올려 식용유의 온도를 높인 뒤 튀긴 닭다릿살을 2~3분 정도 한 번 더 튀기고,

TIP 튀긴 닭다리살은 체로 건져 10번 정도 털어주면 더 바삭하고 담백해요.

7 그릇에 튀긴 닭다리살→채 썬 양파→쪽파 순으로 올린 뒤 소스를 고루 뿌리고,

8 검은깨($\frac{1}{2}$작은술)를 뿌리고 레몬 슬라이스를 올려 마무리.

고등어김치조림

by. 최진훈 선생님 (2017년 5월 25일 방영)

두세 그릇은 너끈히 비우는 밥도둑을 만나보세요.
살이 통통하게 꽉 찬 고등어에
잘 묵혀 둔 김장김치를 넣어 보글보글 끓여요.
한 번 데쳐 양념이 깊게 밴 무는 서로 먹겠다고 욕심내는 별미지요.

☆☆☆☆☆

고등어김치조림으로 밥을 두 공기나 비웠어요~ (ID : gkkz***)

TIP 고등어는 조림용으로 토막 낸 것으로 준비해주세요.

READY | 2~3인분

필수 재료
대파(1대), 생강(1개), 김치(400g), 고등어(1마리), 무($1\frac{1}{3}$토막), 다시마육수(3컵)

선택 재료
풋고추(3개), 홍고추(1개)

양념장
고춧가루(3큰술), 설탕(1큰술), 후춧가루(약간), 간장(2큰술), 맛술(3큰술), 생강즙(1작은술), 다진 마늘($2\frac{1}{2}$큰술), 고추장(1큰술), 된장(1작은술), 물엿(1큰술), 참기름($\frac{1}{2}$큰술)

RECIPE

1 풋고추, 홍고추는 어슷 썰고, 대파와 생강은 채 썰고,

TIP 고등어에 김치를 돌돌 말아 조리면 고등어의 비린내가 사라지고 맛이 잘 살아요.

2 **양념장**을 만들고,

3 김치 밑동을 잘라 안쪽에 양념장(약간)을 바른 뒤 고등어를 올려 돌돌 말고,

4 큼직하게 썬 무는 찬물에서부터 넣어 20분 정도 삶아 건지고,

TIP 냄비에 무를 먼저 깔아줘야 김치가 타지 않아요.

TIP 찬물에 다시마를 넣고 끓이거나 반나절 정도 찬물에 우려주세요.

5 냄비에 삶은 무를 깔고 김치를 얹은 뒤 양념장을 올리고,

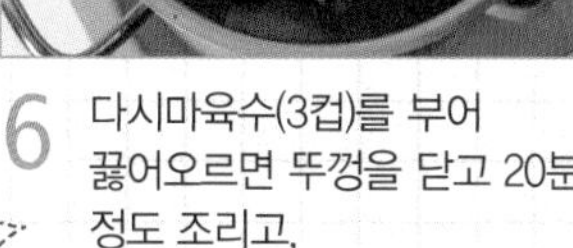

6 다시마육수(3컵)를 부어 끓어오르면 뚜껑을 닫고 20분 정도 조리고,

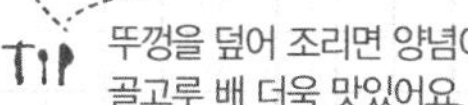

TIP 뚜껑을 덮어 조리면 양념이 골고루 배 더욱 맛있어요.

7 고추와 대파, 생강채를 올려 마무리.

대패삼겹살고추장불고기

by. 최진흔 선생님 (2007년 8월 20일 방영)

양념에 재운 고기를 볶아내는 제육볶음과 차원이 다른 맛의 요리랍니다.
한 번 데쳐 대패삼겹살의 기름기를 제거하고 매콤 달달한 양념에 고루 비볐어요.
상큼한 양파와 깻잎에 소주 한 잔을 곁들이면
지친 하루의 피로를 보상받는 기분이네요.

☆☆☆☆☆

대패로 하니 식감도 좋고 파채로 장식하니 너무 예뻤어요. (ID : ekfk***)

☆☆☆☆☆

대패삼겹살로 만들면 기름기가 걱정이었는데 한번 데치니 깔끔하고 고기가 얇아서 양념도 쏙쏙 배더라고요. 술 안주로 이만한 게 없어요. (ID : dlkj***)

READY | 1인분

필수 재료
대패삼겹살(100g), 양파(1개), 깻잎(10장), 대파(1대)

대패삼겹살 데칠 재료
된장($\frac{1}{2}$큰술), 청주(1큰술), 생강즙(1작은술), 통후추(10알)

양념장
고춧가루(1큰술), 설탕($\frac{1}{2}$큰술), 맛술(1큰술), 간장(1작은술), 생강즙(1작은술), 고추장($1\frac{2}{3}$큰술), 다진 마늘(1큰술), 물엿(2큰술), 깨소금($\frac{1}{2}$큰술), 참기름(1작은술)

RECIPE

1 양파와 깻잎은 굵게 채 썰고, 대파는 얇게 채 썰고,

2 끓는 물(2컵)에 **대패삼겹살 데칠 재료**를 넣고 삼겹살을 넣어 완전히 익을 때까지 데쳐 건지고,

3 **양념장**을 만들고,

4 양념장에 익힌 삼겹살을 넣고 골고루 버무리고,

5 그릇에 채 썬 양파와 깻잎, 버무린 삼겹살을 차례로 담고 파채를 얹어 마무리.

립구이

by. 최진혼 선생님 (2012년 1월 18일 방영)

돼지등갈비를 한 번 데쳐내 기름기를 제거한 뒤
오븐에 익혀 겉은 바삭하고 속은 촉촉한 립구이예요.
매콤한 양념장을 골고루 발라 구워 속까지 간이 배어 있어요.
맥주나 와인과 함께 곁들이기 좋은 고급스런 메뉴로 추천!

☆☆☆☆☆

매콤달콤한 립구이 한 조각과 맥주 한 잔 곁들이니 최고의 저녁이었어요. (ID : koo2***)

☆☆☆☆☆

저녁에 손님상으로 올릴 요리를 고민하다가 립구이가 딱 떠올랐어요. 미리 재워두고 시간 맞춰 오븐에 돌리니 간단하더라고요. 맛은 두 말할 것도 없었어요. (ID : wpds***)

READY | 2~3인분

필수 재료
돼지등갈비(1kg), 다진 아몬드($\frac{1}{2}$컵), 송송 썬 쪽파(3대)

등갈비 삶는 재료
대파뿌리(2개), 마늘(3쪽), 생강(1톨), 청주(1큰술), 소금(1큰술)

소스 재료
고추장(2큰술), 케첩(3큰술), 스테이크소스(1작은술), 물엿(2큰술), 설탕($\frac{2}{3}$큰술), 굴소스(1작은술), 맛술(1큰술), 월계수잎(1장), 물(2큰술), 버터($\frac{1}{2}$큰술), 후춧가루(약간)

RECIPE

TIP 돼지등갈비를 데치면 누린내를 잡고 맛도 깔끔해져요.

1 돼지등갈비는 찬물에 3시간 정도 담가 핏물을 뺀 뒤 칼집을 내고,

2 냄비에 찬물(10컵)을 부은 뒤 등갈비 삶는 재료를 넣어 끓어오르면 손질한 등갈비를 넣어 9~10분 정도 데쳐 건지고,

3 팬에 **소스 재료**를 넣어 골고루 저어가며 한소끔 끓여 식혀 두고,

4 넓은 오븐 팬에 데친 등갈비를 담은 뒤 식힌 소스를 골고루 바르고,

5 200℃로 예열한 오븐에 등갈비를 20분 정도 굽고,

6 남은 소스를 한 번 더 고루 발라 그릇에 담고 다진 아몬드와 송송 썬 쪽파를 뿌려 마무리.

오징어실채무침

by. 한명숙 선생님 (2017년 2월 27일 방영)

쫄깃한 오징어실채에 입맛 돋우는

짭조름한 양념이 쏙쏙 배어 있어요.

호박씨를 추가해 오독오독한 식감도 살렸어요.

양념이 세지 않아 아이들 반찬으로도 적극 추천해요.

☆☆☆☆☆

아이들에게 반찬이라고 했는데도 하루종일 집어먹더라고요. (ID : zow8***)

☆☆☆☆☆

만들기도 간편하고 한번 해두면 오래 보관할 수 있어서 자주 해먹고 있어요. 호박씨를 넣으니 식감도 훨씬 좋더라고요. (ID : zpsd***)

READY | 2~3인분

필수 재료
오징어실채(100g), 호박씨(3큰술)

조림장
간장(1작은술), 청주(1큰술), 맛술(1큰술), 올리고당(1큰술), 후춧가루(약간)

양념
참기름(1작은술), 참깨(1작은술)

RECIPE

TIP 뭉쳐지지 않도록 살살 털어주세요.

TIP 설탕을 넣으면 딱딱해지니 올리고당 또는 물엿을 넣어주세요.

TIP 기호에 따라 다양한 견과류를 넣어도 좋아요.

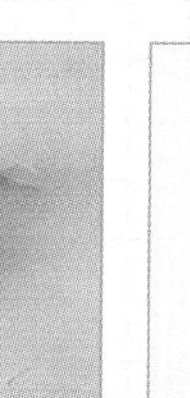

1 오징어실채는 한입 길이로 자르고,

2 **조림장**을 만들고,

3 약한 불로 달군 팬에 식용유(1큰술)를 둘러 호박씨를 볶아 꺼내고,

TIP 호박씨는 탁탁 튀는 소리가 날 때까지 볶으면 적당해요.

4 같은 팬에 식용유를 넉넉히 둘러 오징어실채를 넣고 중약 불에서 젓가락으로 풀어가며 노릇한 색이 날 때까지 볶아 꺼내고,

5 중간 불로 달군 팬에 조림장을 살짝 끓인 뒤 오징어실채, 호박씨를 넣어 섞고,

TIP 양념이 한 쪽에 뭉치지 않도록 고루 풀어가며 섞어주세요.

6 **양념**을 넣고 고루 섞어 마무리.

부추덮밥

by. 한복선 선생님 (2011년 11월 15일 방영)

향긋한 생강 향을 입힌 돼지고기에
알싸한 부추가 참 잘 어우러져요.
후루룩 볶아서 밥 위에 올려
깔끔한 한 그릇으로 끼니를 해결하기 좋아요.
담백한 달걀국 혹은 장국과 함께 곁들여 드세요.

☆☆☆☆☆

전 부치고 남은 부추로 돼지고기랑 볶아서 뚝딱. 든든한 한 끼였어요. (ID : lovy***)

☆☆☆☆☆

부추향이 이렇게 좋은 지 새삼 놀랐어요. 평소에 냄새에 예민해서 고기를 잘 안먹었는데, 생강과 부추의 알싸한 향이 고기 냄새를 확 잡아서 먹기가 참 좋았어요. (ID : wpdd***)

READY | 2인분

필수 재료

부추(300g), 양파($\frac{1}{2}$개), 생강($\frac{1}{2}$톨), 채 썬 돼지고기(불고기용 100g), 밥(2공기)

밑간

청주(1큰술), 간장($\frac{1}{2}$작은술)

양념

간장($1\frac{1}{2}$큰술), 청주($1\frac{1}{2}$큰술), 설탕(약간), 소금($\frac{1}{3}$작은술), 후춧가루(약간), 참기름(2큰술)

RECIPE

TIP 모든 재료를 비슷한 크기로 썰어 볶으면 깔끔해 보기 좋아요.

TIP 생강을 넣으면 돼지고기의 누린내를 잡을 수 있어요.

1 부추는 손질해 깨끗이 씻어 한입 크기로 썰고, 양파와 생강은 얇게 채 썰고,

2 채 썬 돼지고기는 **밑간**해 버무리고,

3 중약 불로 달군 팬에 식용유(1큰술)를 둘러 채 썬 생강을 볶아 향을 내고,

TIP 전분물을 넣어 농도조절을 해도 좋아요.

4 채 썬 양파와 밑간한 돼지고기를 넣어 고기 색이 변할 때까지 볶다가 부추 줄기를 먼저 넣어 볶고,

5 간장($1\frac{1}{2}$큰술), 청주($1\frac{1}{2}$큰술)를 둘러 볶은 뒤 남은 부추를 넣어 재빠르게 볶고,

6 나머지 양념을 넣고 고루 섞은 뒤 밥에 곁들여 마무리.

↑ P80
→ P78

2

CHAPTER | 애청자들의 리뷰가 가장 많았던 요리

↑ P90
→ P104

매번 빤하게 만들어 먹는 밑반찬, 국물 요리. 일품 요리…
왠지 지겹게 느껴지지 않나요?
조리법을 조금만 바꾸어도, 평소 넣던 식재료에 살짝 변화만 줘도
전~혀 색다른 요리로 변신해요.
〈최고의 요리비결〉에서 애청자들의 리뷰가 가장 많았던 요리를 모두 모았어요.
대한민국을 들썩이게 만든 그 맛을 만나보세요.

스테이크 영양솥밥

by. 김정은 선생님 (2018년 6월 7일 방영)

밥알 하나하나에 마늘 향을 가둬 은은하게 익힌 솥밥에 육즙 가득한 안심의 조화라니!
편식쟁이 아이들도 한 그릇 금세 비워낼 정도로 밥맛이 최고인 요리예요.
고소한 밥맛과 알싸한 쪽파의 궁합도 환상이랍니다.
바삭하게 튀긴 마늘칩을 올리니 느끼함도 깔끔하게 잡혀요.

RECIPE

1 소고기는 3cm 두께로 도톰하게 썬 뒤 소금, 후춧가루를 뿌려 간하고, 마늘은 편 썰고, 쪽파는 송송 썰고,

READY | 4인분

필수 재료
소고기(안심 200g), 불린 쌀(2컵), 마늘칩(50g=10쪽), 쪽파(7대)

양념
소금(약간), 후춧가루(약간), 버터(2큰술), 다진 마늘(1큰술)

TIP 소고기는 기름기가 적고 식감이 부드러운 안심 부위가 적당해요.

2 약한 불로 달군 팬에 식용유($\frac{1}{2}$ 컵)를 부은 뒤 마늘이 노릇해질 때까지 튀겨 건지고,

TIP 소고기를 구울 땐 센 불에 아랫면을 노릇하게 구운 뒤 뒤집어 중약 불로 낮춰야 육즙이 빠져나가지 않아요.

TIP 소고기는 손가락으로 눌러봤을 때 탱탱하게 탄력이 있으면 알맞게 구워진 거예요.

TIP 레스팅은 고기를 구운 뒤 휴지시키는 과정으로 육즙이 골고루 퍼져 더 맛있어요.

TIP 다진 마늘을 함께 볶아주면 쌀의 잡내가 제거되고 구운 소고기와도 잘 어울려요.

TIP 유염버터 대신 간이 안 된 무염버터를 사용할 땐 소금으로 간을 맞춰요.

3 센 불로 달군 팬에 식용유(1큰술)를 둘러 밑간한 소고기를 올린 뒤 앞뒤로 고루 굽고,

4 종이포일로 감싸 5분 정도 레스팅을 시키고,

5 중간 불로 달군 돌솥에 버터(2큰술), 다진 마늘(1큰술)을 넣어 볶다가 불린 쌀을 넣어 살짝 볶고,

6 물(2컵)을 부어 뚜껑을 덮은 뒤 센 불로 올려 끓어오르면 약한 불로 12분 정도 끓이다가 불을 꺼 5분간 뜸 들이고,

7 레스팅한 소고기는 한입 크기로 저며 썰고, 밥은 고루 섞은 뒤 마늘칩($\frac{1}{2}$ 분량), 송송 썬 쪽파, 저며 썬 소고기를 올리고,

8 남은 마늘칩을 뿌려 뚜껑을 덮고 센 불에서 3분간 더 익혀 마무리.

멘보샤 by. 박건영 선생님 (2018년 6월 28일 방영)

멘보샤는 중국식 새우 토스트로 '멘보'는 빵, '샤'는 새우를 의미해요.
바삭한 빵 사이에 도톰한 새우살이 가득 들어 있어 씹는 즐거움이 있어요.
부드러운 식감과 한입에 쏙 들어가는 크기라 아이들 간식으로도 추천해요.

☆☆☆☆☆

새우와 식빵의 대변신. 간식으로 먹기 에도 딱이었어요. (ID : kmq9***)

TIP 치킨파우더는 재료에 밑간을 하거나 무침, 볶음 요리를 만들 때 넣으면 감칠맛이 살아나요.

READY | 4인분

필수 재료
알새우(200g), 새우(중하 80g), 전분(100g), 식빵(2개)

밑간
소금(약간), 전분(2큰술), 치킨파우더($\frac{1}{2}$작은술), 달걀흰자(1큰술), 식용유(1작은술)

소스
설탕(1$\frac{1}{2}$작은술), 치킨파우더($\frac{1}{2}$작은술), 고추기름(1작은술), 토마토케첩(2큰술)

RECIPE

TIP 알새우 자체에 염분이 있으니 물에 살짝 헹궈주는 게 좋아요.

1 알새우는 키친타월로 물기를 제거해 곱게 다진 뒤 **밑간**하고,

2 중하는 머리를 제거한 뒤 껍질을 벗겨 이쑤시개로 내장을 제거해 전분을 살짝 묻히고,

3 식빵은 가장자리를 제거한 뒤 4등분하고,

4 식빵에 다진 알새우→중하 순으로 올린 뒤 전분을 한 번 더 묻히고,

TIP 식빵 자투리를 넣었을 때 기포가 올라오면 알맞은 온도예요.

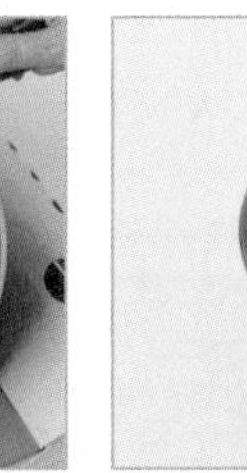

5 130℃로 달군 식용유(3컵)에 새우소를 넣은 식빵을 넣고 새우가 익으면 중약 불로 낮춰 앞뒤로 5분 정도 노릇하게 튀겨 건지고,

TIP 설탕이 녹을 때까지 고루 섞어주세요.

6 **소스**를 만들고,

7 그릇에 튀긴 멘보샤를 담고 소스를 곁들여 마무리.

두부소시지

by. 박보경 선생님 (2018년 7월 30일 방영)

갖은 채소와 두부로 맛을 낸 깔끔한 소시지예요.
한입 베어물면 담백함 그 자체!
새콤달콤한 블루베리잼을 넣은 소스를 곁들여 자연스러운 맛의 조합을 느낄 수 있어요.
아이들 간식으로 좋은 건 두말하면 입 아프죠!

RECIPE

TIP 두부는 물기를 제거해야 반죽이 질척거리지 않아요.

1 두부는 큼직하게 썬 뒤 면포로 감싸 물기를 제거하고, 불린 표고버섯은 밑동을 제거한 뒤 큼직하게 썰고, 양파는 채 썰고, 방울토마토는 2등분하고,

2 닭고기는 힘줄을 제거한 뒤 큼직하게 썰어 **밑간**해 5분 정도 재우고,

READY | 4인분

필수 재료
두부(1모), 불린 표고버섯(60g), 양파($\frac{1}{6}$개), 방울토마토(3개), 닭고기(안심 3조각),

선택 재료
어린잎채소(적당량)

밑간
소금(1작은술), 청주(1큰술), 후춧가루(약간), 깨소금(1큰술), 참기름(1작은술), 다진 대파(1작은술), 다진 마늘(2작은술)

소스
소금($\frac{1}{2}$작은술), 블루베리잼(4큰술), 레몬즙(1작은술), 마요네즈(2큰술)

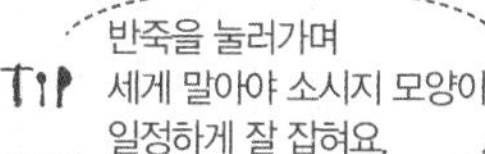

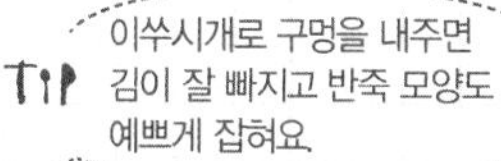

3 믹서에 두부, 불린 표고버섯, 닭고기를 넣고 곱게 갈아 반죽을 만들고,

4 비닐 랩 위에 반죽을 반 정도 올려 돌돌 만 뒤 양끝을 사탕처럼 말고, 종이포일에 비닐 랩으로 감싼 반죽을 올린 뒤 사탕처럼 한 번 더 말고,

5 이쑤시개로 구멍을 고루 낸 뒤 김이 오른 찜기에 넣어 10분 정도 찌고,

6 쪄낸 두부소시지는 한 김 식힌 뒤 도톰하게 썰어 중간 불로 달군 팬에 식용유(1큰술)를 둘러 노릇하게 굽고,

7 **소스**를 만들고,

8 그릇에 구운 소시지, 채 썬 양파, 어린잎채소, 방울토마토를 올리고 소스를 뿌려 마무리.

홈메이드케첩

by. 박보경 선생님 (2017년 5월 17일 방영)

인공 색소 No! 잘 익은 토마토와 빨강 파프리카를 듬뿍 넣어 만든 엄마표 케첩이에요. 먹음직스러운 새빨간 컬러감은 물론 영양까지 풍부해요. 케첩이 필요했던 모든 요리에 이 홈메이드 케첩을 대신 넣어보세요. 시판용과 달리 설탕을 전혀 넣지 않아 재료 본연의 깊고 진한 풍미가 더 잘 느껴져요.

☆☆☆☆☆

조금 수고스럽긴 해도 직접 내 손으로 만든 케첩이니 안심이에요. (ID : pbll***)

READY | 4인분

필수 재료
빨간 파프리카($\frac{1}{4}$개), 완숙토마토(6개), 양파($\frac{1}{2}$개),

양념
다진 마늘(2큰술), 월계수잎(2장), 고추장(2큰술), 조청(2큰술), 소금(1작은술), 레몬즙(2큰술)

RECIPE

1 빨간 파프리카는 큼직하게 썰고, 토마토는 꼭지를 제거한 뒤 큼직하게 썰고, 양파는 잘게 다지고,

2 믹서에 큼직하게 썬 토마토, 빨간 파프리카를 넣어 곱게 갈고,

3 중간 불로 달군 냄비에 올리브유(1큰술)를 둘러 다진 양파를 넣어 볶다가 다진 마늘(2큰술)을 볶고,

4 곱게 간 토마토와 파프리카를 넣어 중약 불에서 15~20분 정도 끓이고,

TIP 일주일 정도 냉장 보관하거나 오래 먹을땐 냉동 보관해요.

5 월계수잎을 넣어 15~20분 정도 더 끓인 뒤 고추장(2큰술), 조청(2큰술)을 넣어 끓이고,

6 월계수잎을 건진 뒤 소금(1작은술), 레몬즙(2큰술)을 넣어 5분 정도 더 끓이고,

7 한 김 식혀 살균 소독한 병에 담아 마무리.

오이물김치

by. 박영란 선생님 (2018년 6월 12일 방영)

빨간 양념에 소를 채워 소박이로만 맛보던
오이김치를 물김치로 맛보면 참 별미예요.
국물이 맵지 않고 달큰하고,
액젓으로 간해 입에 착착 달라붙는 감칠맛이 환상이에요.
감자를 삶아 물과 함께 곱게 갈아 사용하면
오이가 금방 무르는 걸 막아준답니다.

RECIPE

TIP 물과 굵은 소금을 7 : 1 비율로 섞어주면 적당해요.

TIP 오이는 통으로 절여야 비타민 손실이 줄어들고 아작한 맛이 살아 있어요.

1 **소금물**에 오이를 넣어 8시간 정도 절여 건진 뒤 깨끗이 씻어 물기를 빼고,

TIP 절인 오이에 칼집을 내면 양념이 잘 스며들고 무르지 않아요.

2 절인 오이는 꼭지를 제거해 양끝에 1cm 남기고 칼집을 낸 뒤 옆면에 칼집을 길게 세 번 내고,

READY | 4인분

필수 재료
백오이(10개), 쪽파(10대), 홍고추(3개), 풋고추(4개)

소금물
물(7컵), 굵은 소금(1컵)

양념
설탕(1작은술), 멸치액젓(2큰술), 다진 마늘(1큰술), 감자풀($\frac{2}{3}$컵)

김칫국물
다시마육수(1컵), 설탕(2작은술), 멸치액젓(2큰술), 다진 마늘(1큰술), 감자풀(2큰술), 고춧가루(2큰술), 굵은 소금(1큰술)

3 쪽파는 한입 크기로 썰고, 홍고추와 풋고추는 쪽파와 같은 길이로 채 썰고,

4 **양념**에 채 썬 풋고추와 홍고추, 쪽파를 고루 섞어 김칫소를 만들고,

5 절인 오이의 칼집 사이사이로 김칫소를 넣어 밀폐용기에 오이를 담고,

TIP 오이물김치는 기포가 올라올 때 냉장고에 넣어 숙성해요.

6 물(3컵)에 다시마육수(1컵), 설탕(2작은술), 멸치액젓(2큰술), 다진 마늘(1큰술), 감자풀(2큰술)을 넣어 고루 섞고,

TIP 멸치액젓을 김칫국물을 만들 때 넣으면 오이물김치에 감칠맛을 더해줘요.

7 국물에 고춧가루(2큰술)를 체에 밭쳐 우려낸 뒤 굵은 소금(1큰술)을 넣어 김칫국물을 만들고,

8 밀폐용기에 김칫국물을 부어 비닐을 씌우고 5시간 정도 실온 숙성한 뒤 냉장실 보관해 마무리.

TIP 간은 숙성 후에 맞추는 게 좋아요.

사천식 가지볶음

by. 안세경 선생님 (2018년 5월 14일 방영)

고추기름을 둘러 매콤한 풍미는 살리고
두반장으로 칼칼한 맛을 낸 사천식 가지볶음이에요.
부드러운 가지와 수분을 머금은 쫄깃한 두부의 식감이 양념과 잘 어울려요.
단품으로 먹어도 좋고, 따끈한 밥 위에 얹어
슥슥 비벼 먹어도 참 맛있어요.

☆☆☆☆☆

평소에 가지를 별로 안 좋아했는데, 사천식으로 튀기니 너무 맛있어요! (ID : s2eo***)

READY | 2인분

필수 재료
가지(1개), 얼린 두부(1모),
다진 돼지고기(80g), 편 썬 마늘(20g),
채 썬 생강(약간), 태국 고추(5개)

밑간
소금(약간), 후춧가루(약간)

양념장
칠리오일(2큰술), 두반장($\frac{1}{2}$큰술),
굴소스($\frac{1}{2}$큰술), 간장(1큰술),
고춧가루(1작은술), 설탕(1큰술)

양념
소금($\frac{1}{2}$작은술), 전분(3큰술),
고추기름(2큰술), 다진 마늘(2작은술),
청주(1큰술), 식초($\frac{1}{2}$큰술),
후춧가루(약간), 전분물(1큰술)

TIP 전분과 물을 1 : 1로 섞어 사용해요.

RECIPE

TIP 두부를 얼리면 조직이 단단해져 볶을 때 모양이 부서지지 않아요. 또한 식감이 쫄깃해지고 양념이 잘 스며들어요.

1 가지는 도톰하게 한입 크기로 썬 뒤 소금($\frac{1}{2}$작은술)을 뿌려 5분 정도 절이고, 얼린 두부는 해동한 뒤 물기를 제거해 깍둑 썰고,

2 다진 돼지고기는 **밑간**하고, **양념장**을 만들고,

3 비닐백에 절인 가지를 담아 전분(3큰술)을 넣어 고루 묻힌 뒤 체에 밭쳐 전분을 털어내고,

4 170℃로 예열된 식용유(3컵)에 가지를 넣어 노릇하게 튀겨 건지고,

5 중간 불로 달군 팬에 식용유(1큰술), 고추기름(1큰술)을 둘러 편 썬 마늘, 채 썬 생강을 볶다가 향이 올라오면 밑간한 돼지고기를 넣어 볶고,

6 돼지고기가 반 정도 익으면 다진 마늘(2작은술), 청주(1큰술), 식초($\frac{1}{2}$큰술), 양념장, 깍둑 썬 두부를 넣어 볶고,

7 전분물(1큰술)을 넣어 고루 섞은 뒤 잘게 부순 태국 고추, 튀긴 가지를 넣어 볶고 고추기름(1큰술), 후춧가루(약간)를 뿌려 마무리.

달걀명란부침

by. 윤혜신 선생님 (2018년 7월 2일 방영)

평소 달걀로 찜이나 말이 같은 기본 메뉴만 즐겼다면
추천하는 이색 달걀 요리예요.
부드럽고 고소한 마요네즈를 양념에 넣어 감칠맛은 물론 달걀의 비린내도 확 잡았어요.
밑바닥이 타지 않도록 주의하며 도톰한 두께감을 살려
달걀물을 구워내는 게 포인트예요.

☆☆☆☆☆

노릇노릇 팬케이크 같이 예쁜데다가 명란젓이 들어가니 간도 딱 맛았어요! (ID : mmc2***)

READY | 4인분

필수 재료

부추(1줌), 명란젓(50g), 달걀(4개)

양념

마요네즈(1큰술), 다진 마늘(1작은술), 까나리액젓($\frac{1}{4}$ 작은술)

RECIPE

TIP 부추 대신 다진 애호박이나 대파를 넣어도 맛있어요.

1 부추는 송송 썰고, 명란젓은 반 갈라 알만 발라내고,

TIP 마요네즈를 넣으면 달걀물이 훨씬 부드러워지고 특유의 비린내가 나지 않아요.

2 달걀을 고루 풀어 달걀물을 만들고,

3 달걀물에 명란젓을 고루 섞은 뒤 **양념**하고,

4 양념한 달걀물에 송송 썬 부추를 섞고,

TIP 젓가락으로 찔렀을 때 반죽이 묻어나오지 않으면 다 익은 거예요.

5 중간 불로 달군 팬에 식용유($\frac{1}{2}$큰술)를 둘러 달걀물을 붓고,

6 뚜껑을 덮고 중약불에서 3분 정도 익힌 뒤 뒤집어 앞뒤로 노릇하게 굽고,

7 그릇에 달걀명란부침을 담고 부채꼴로 썰어 마무리.

멸치귤피볶음

by. 윤혜신 선생님 (2018년 1월 24일 방영)

평범한 멸치볶음과는 차원이 다른 맛이에요.
상큼한 귤피를 넣어 볶으면 씹을 때마다
귤의 새콤함이 한입 가득 터진답니다.
자칫 비릿할 수 있는 멸치의 맛과 향도
꽉 잡아줘 자꾸자꾸 손이 가요.

☆☆☆☆☆

귤피가 들어가니 상큼하고 향긋한 멸치볶음이 탄생했어요! 완전 대박! (ID : yoo2***)

READY | 4인분

필수 재료
귤피(50g), 잔멸치(200g)

양념
후춧가루(약간), 간장(1작은술), 생강즙($\frac{1}{4}$작은술), 조청(2큰술), 참기름(1작은술), 참깨(약간)

POINT!

귤피 만들기

1 귤은 소금물에 20분 정도 담가 껍질에 남은 이물질을 제거하고,

2 껍질을 벗겨낸 뒤 채반에 널어 통풍이 잘되는 곳에서 2~3일 정도 고루 말려 마무리.

RECIPE

1 귤피는 가늘게 채 썰고,

2 참깨를 제외한 **양념**은 미리 섞어 두고,

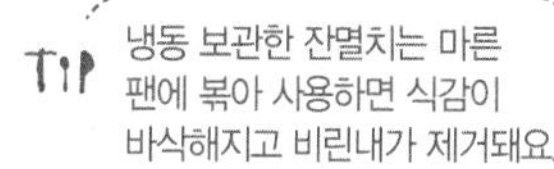

TIP 냉동 보관한 잔멸치는 마른 팬에 볶아 사용하면 식감이 바삭해지고 비린내가 제거돼요.

3 중간 불로 달군 팬에 잔멸치를 달달 볶은 뒤 식용유(2큰술)를 넣어 고루 볶고,

4 잔멸치가 바싹해지면 귤피를 넣어 볶다가 섞어둔 양념을 부어 윤기 나게 조리고,

5 불을 끄고 참깨(약간)를 뿌려 마무리.

골뱅이묵사발

by. 이순옥 선생님 (2018년 7월 19일 방영)

고소한 감칠맛이 살아 있는 골뱅이묵사발이에요.
탱글탱글 쫄깃한 골뱅이의 맛은 물론
달콤한 사과와 파프리카, 아삭한 홍피망 등 다채로운 맛과 식감을 살리는
다양한 채소들이 듬뿍 들어 있어요.
만들기도 간단해 안주 또는 포인트 밥반찬으로 추천할게요.

RECIPE

TIP 골뱅이 국물은 양념을 만들 때 사용할 수 있도록 남겨주세요.

1 골뱅이는 체에 밭쳐 건더기와 국물을 분리하고,

READY | 4인분

필수 재료
골뱅이(300g), 도토리묵(260g), 오이($\frac{2}{3}$개),대파(1대), 홍피망($\frac{1}{2}$개)

선택 재료
사과($\frac{1}{4}$개), 주황 파프리카($\frac{1}{2}$개), 멸치 육수(1컵)

양념
소금($\frac{1}{2}$작은술), 들기름(1큰술), 통깨(약간)

양념장
간장(1큰술), 들깻가루(1큰술), 고춧가루(3$\frac{1}{2}$큰술), 다진 마늘(1큰술), 참깨(1큰술), 골뱅이 국물(3큰술), 소금(1작은술), 물엿(2큰술), 설탕(1큰술), 식초(3큰술)

2 도토리묵은 길쭉하게 썬 뒤 소금($\frac{1}{2}$작은술), 들기름(1큰술)을 섞어 간하고,

3 **양념장**을 만들어 냉장실에서 1시간 정도 숙성하고,

4 오이는 4등분한 뒤 씨를 제거해 길게 편으로 썰고, 대파, 홍피망, 주황 파프리카와 사과는 오이와 같은 길이로 채 썰고,

5 손질한 채소에 양념장(2큰술)을 넣어 골고루 버무리고,

6 그릇에 밑간한 도토리묵을 담은 뒤 양념한 재료를 푸짐하게 얹고 참깨(약간)를 뿌리고,

7 물(1$\frac{1}{2}$컵)에 골뱅이 국물($\frac{1}{2}$컵)을 섞은 뒤 그릇 가장 자리에 붓고,

8 멸치육수(1컵)를 둘러 부어 마무리.

귀리샐러드

by. 이종임 선생님 (2016년 2월 29일 방영)

영양만점 잡곡인 귀리를 듬뿍 넣은 샐러드예요.
부드러운 귀리의 식감을 위해 전날 물에 충분히 담가 불리는 게 포인트!
각종 채소와 과일, 견과류를 듬뿍 넣어 가볍지만 꽉 찬 샐러드를 즐겨보세요.

☆☆☆☆☆

고소한 귀리에 상큼한 채소, 과일을 곁들여 한 끼 식사로도 손색 없어요. (ID : sudo***)

☆☆☆☆☆

샐러드 레시피를 찾던 중 영양도 풍부하고 맛도 좋은 귀리샐러드를 발견했어요. 귀리를 오래 불릴 수록 씹기도 편하고 맛도 좋더라고요. (ID : gurn***)

TIP 귀리는 현미보다 입자가 커서 사용 전날 물에 충분히 불려주세요.

TIP 샐러드 재료는 얼음물에 담그거나 찬물에 헹궈 냉장 보관하면 신선하게 즐길 수 있어요.

READY | 4인분

필수 재료

귀리(1$\frac{1}{2}$컵), 쌀뜨물(2컵), 오이($\frac{1}{4}$개), 토마토(1개), 라디치오(90g)

선택 재료

오렌지($\frac{1}{2}$개), 견과류(50g)

소스

소금($\frac{1}{2}$작은술),후춧가루(약간), 레몬즙(1큰술), 오렌지주스(2큰술), 유자청(2큰술), 올리브유(1큰술)

RECIPE

TIP 뜸을 충분히 들여요.

TIP 방울토마토를 사용해도 좋아요.

1 냄비에 불린 귀리(1$\frac{1}{2}$컵), 쌀뜨물(2컵)을 넣은 뒤 뚜껑을 덮어 센 불에서 끓어오르면 약한 불로 줄여 10분간 뜸들이고,

2 오이와 토마토는 한입 크기로 썰고, 오렌지는 껍질을 벗겨 과육만 도려내고, 라디치오는 한입 크기로 찢고,

3 **소스**를 만들고,

4 삶은 귀리는 한 김 식힌 뒤 소스($\frac{1}{2}$분량)를 넣어 고루 섞고,

5 손질한 오이, 라디치오, 토마토와 견과류를 넣어 고루 버무리고,

6 버무린 재료를 그릇에 담고 오렌지와 남은 소스를 뿌려 마무리.

케일김치

by. 이종임 선생님 (2013년 10월 23일 방영)

칼슘, 철분 등이 풍부한 슈퍼푸드 케일에
갖은 고명을 듬뿍 올린 겉절이 스타일의 김치예요.
곱게 채 썬 밤과 대추의 단맛이 케일과 잘 어우러져요.
저장이 길지 않으니 일주일 이내로 먹어야
가장 맛있게 맛볼 수 있어요.

READY | 4인분

필수 재료
케일(200g), 양파($\frac{1}{2}$개), 생강(1톨), 마늘(5쪽), 쪽파(3대)

선택 재료
밤(5개), 대추(6개)

다시마육수 재료
물($\frac{1}{2}$컵), 다시마(1장=10×10cm)

양념장
간장($\frac{1}{4}$컵), 멸치액젓($\frac{1}{4}$컵), 생강청(3큰술), 청주(3큰술), 고춧가루(4큰술), 참깨(2큰술), 검은깨(2큰술)

☆☆☆☆☆
케일이 이렇게 맛있을 줄이야. 반나절 숙성해서 먹으니 더 좋았어요. (ID : arom***)

☆☆☆☆☆
녹즙으로만 먹던 케일의 재발견! 숙성해서 먹으니 빳빳한 느낌도 없고 딱이었어요. (ID : peow***)

RECIPE

TIP 재료를 채 썰면 모양이 훨씬 예뻐요. 번거로우면 다져도 괜찮아요.

1 케일은 줄기 부분을 다듬은 뒤 깨끗이 씻어 물기를 제거하고,

2 양파, 밤, 생강, 마늘은 채 썰고, 대추는 씨를 제거한 뒤 채 썰고, 쪽파는 어슷 썰고,

3 냄비에 **다시마육수 재료**를 넣어 끓어오르면 불을 끈 뒤 덜어내 한 김 식히고,

TIP 생강청 대신 설탕이나 올리고당, 매실청, 유자청을 넣어도 괜찮아요.

4 **양념장**에 다시마 육수($\frac{1}{2}$컵)를 넣어 섞고,

5 양념장에 손질한 재료를 넣어 고루 섞고,

6 케일에 양념장을 골고루 펴 발라 켜켜이 통에 담아 마무리.

TIP 케일김치는 바로 먹거나 반나절 정도 실온 숙성한 뒤 냉장 보관하세요.

가지잼

by. 임효숙 선생님 (2017년 8월 10일 방영)

가지로 만든 건강한 잼이에요.
가지를 뭉근하게 조려 식감이 엄청 부드럽고요.
최소의 설탕만 넣어 당도를 확 줄였어요.
레몬즙과 계핏가루를 넣어 은은한 향은 살렸답니다.
바쁜 아침 빵 한 조각에
이 가지잼 듬뿍 올려 먹으면 한 끼 든든해요.

☆☆☆☆☆

가지와 잼의 조합이라니~ 몽근하고 부드러운데 건강까지 잡았어요! (ID : imlk***)

☆☆☆☆☆

가지는 입도 안 대던 우리 아이들. 잼으로 만들어서 빵에 발라주니 가지인 줄도 모르고 잘 먹네요. 가지잼으로 편식습관 꽉 잡았어요. (ID : j2nd***)

READY | 4인분

필수 재료
가지(2개)

양념
설탕(1컵), 소금($\frac{1}{2}$큰술),
레몬즙(1큰술), 계핏가루($\frac{1}{2}$큰술)

RECIPE

TIP 가지는 잘게 썰어야 식감이 쫄깃하고 금방 조려져요.

1 가지는 잘게 썰고,

TIP 냄비 바닥에 눌어붙지 않도록 저어가며 조려주세요.

2 끓는 물(2컵)에 설탕, 소금($\frac{1}{2}$큰술)을 넣어 다 녹으면 잘게 썬 가지를 넣어 20분 정도 조리고,

TIP 레몬즙을 넣으면 천연 방부제 역할을 하고 잼의 맛도 살려줘요.

3 레몬즙(1큰술)을 섞어 걸쭉해질 때까지 20분 정도 더 조리고,

TIP 조려낸 잼을 식히면 더 걸쭉해져요.

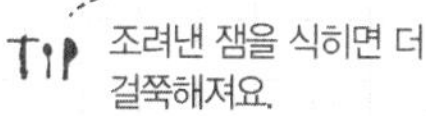

4 조린 가지에 계핏가루($\frac{1}{2}$큰술)를 섞어 2분 정도 더 조린 뒤 한 김 식히고,

TIP 잼을 찬물에 넣어 바로 풀어지지 않으면 완성된 거예요.

TIP 가지잼은 고기나 생선을 재울 때 설탕 대신 넣어줘도 좋아요.

5 열탕 소독한 유리병에 담아 냉장 보관해 마무리.

달걀장

by. 전진주 선생님 (2018년 8월 20일 방영)

장조림보다 만드는 과정은 절반으로 쉽고,
맛은 배로 좋은 달걀장이에요.
보들보들하게 반숙으로 삶은 달걀을
양념장에 퐁당 담가만 주세요.
속까지 깊게 밴 감칠맛 도는 양념장 때문에
매일 먹어도 질리지 않는
최고의 밥반찬이 될 거예요.

☆☆☆☆☆

짭쪼름하고 고소한 달걀장 하나면 한동안 반찬 걱정은 끝! (ID : bill***)

☆☆☆☆☆

달걀장 한번 해두면 밥도둑이 따로 없어요. 달걀 속까지 간장이 배어서 퍽퍽하지도 않고 딱이에요! (ID : j2nd***)

READY | 6인분

필수 재료
달걀(15개), 다진 마늘(3g), 대파(15대), 홍고추(20g)

선택 재료
양파($\frac{1}{3}$개), 청양고추(15g)

양념
식초(2큰술), 소금(약간), 참깨(3큰술)

절임장
간장(2컵), 가다랑어포(10g), 올리고당($\frac{1}{2}$컵)

TIP 올리고당 대신 물엿이나 꿀, 설탕을 넣어 단맛을 더해도 좋아요.

TIP 달걀은 상온에 1~2시간 정도 두었다 삶아야 터지지 않아요.

TIP 달걀을 6분 정도 삶으면 반숙, 10분 정도 삶으면 완숙으로 맛있게 삶을 수 있어요.

TIP 달걀을 삶을 때 중간 중간 저어야 달걀노른자가 가운데에 자리를 잡아요.

TIP 삶은 달걀은 살살 굴려 깨트리고 껍데기 사이에 물이 들어가게 하면 훨씬 벗기기 수월해요.

RECIPE

1 끓는 물에 식초(2큰술), 소금(약간), 달걀을 넣어 6분 정도 삶고,

2 삶은 달걀은 찬물에 담가 한 김 식힌 뒤 껍질을 벗기고,

3 양파는 잘게 다지고, 대파는 송송 썰고, 홍고추, 청양고추는 반 갈라 씨를 제거한 뒤 잘게 다지고,

TIP 간장물을 한소끔 끓여 사용하면 달걀장이 쉽게 상하지 않아요.

4 냄비에 간장(2컵), 물(1컵)을 넣어 끓어오르면 불을 끈 뒤 가다랑어포를 넣어 한 김 식히고,

5 식힌 간장물을 체에 밭쳐 건더기를 걸러낸 뒤 올리고당을 넣어 **절임장**을 만들고,

6 밀폐용기에 손질한 재료, 다진 마늘, 삶은 달걀, 절임장을 넣고 참깨를 뿌린 뒤 뚜껑을 덮어 냉장실에서 6~12시간 숙성해 마무리.

새우젓오일파스타

by. 정미경 선생님 (2017년 2월 23일 방영)

짭조름한 새우젓으로 간한 오일파스타예요.
소금이나 후춧가루 대신 우리에게 익숙한 새우젓으로 간해
확실하게 입맛을 살렸어요.
살짝 느끼할 수 있는 맛은 노릇하게 구운 담큼한 마늘과
알싸한 베트남고추가 확 잡았네요.

☆☆☆☆☆

새우젓과 베트남고추가 열일한 파스타! 만들기도 쉬웠어요! (ID : seou***)

☆☆☆☆☆

오일 파스타는 느끼해서 손이 잘 안 갔는데, 새우젓과 베트남고추를 넣으니 간도 적당하고 은근히 매콤한 게 너무 맛있었어요. (ID : zlx8***)

READY | 1인분

필수 재료
마늘(5쪽), 베트남고추(3개), 스파게티(100g)

양념
새우젓(1작은술), 올리브유(2큰술), 파슬리가루(약간), 파르메산치즈(2큰술)

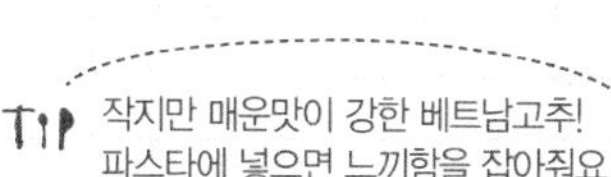

TIP 면수는 버리지 말고 남겨두세요.

RECIPE

1 마늘은 편으로 썰고, 베트남고추는 잘게 부수고, 새우젓은 잘게 다지고,

2 끓는 소금물(소금1작은술)에 스파게티 면을 넣어 7분 정도 삶아 건지고,

3 중간 불로 달군 팬에 올리브유(2큰술)를 둘러 마늘을 볶다가 향이 올라오면 베트남고추를 넣어 볶고,

4 다진 새우젓을 살짝 볶아 비린내를 날린 뒤 삶은 스파게티면을 넣어 1분 정도 볶고,

5 면 삶은 물(2큰술)을 조금씩 넣어가며 볶고,

6 그릇에 볶은 스파게티를 담고 파슬리가루(약간), 파르메산치즈(2큰술)를 뿌려 마무리.

TIP 면수를 넣으면 면이 더 촉촉해져요.

전복볶음밥

by. 정호영 선생님 (2018년 3월 19일 방영)

통전복이 통째로!
버리는 거 하나 없이 살은 물론이고 내장까지 다 넣었어요.
버터를 둘러 볶아 고소한 풍미가 구미를 당긴답니다.
복날 매번 먹는 삼계탕 대신
초간단 별미 전복볶음밥으로 몸보신 든든하게 챙기세요.

☆☆☆☆☆

통전복을 넣으니 고소하고 귀한 맛이 났어요. 한 끼 제대로 대접하고 싶은 날에 딱이에요! (ID : jonb***)

READY | 2인분

필수 재료
전복(2마리), 밥(1공기), 양파($\frac{1}{4}$개)

선택 재료
쪽파(2대), 달걀(1개)

양념
소금(1작은술), 굴소스(2작은술), 치킨스톡($\frac{1}{2}$작은술), 버터(1작은술)

TIP 전복을 솔로 문질러가며 씻어주면 이물질, 비린내가 제거돼요

RECIPE

TIP 전복 내장을 넣으면 고소한 맛과 진한 풍미를 더할 수 있어요.

1 전복은 흐르는 물에 깨끗이 씻어 숟가락으로 껍질과 살을 분리한 뒤 모래집을 제거하고,

2 전복살은 입 부분을 제거한 뒤 굵게 다지고, 내장은 끓는 소금물(물2컵+소금1작은술)에 살짝 데쳐 핸드 믹서로 곱게 갈고,

3 양파는 굵게 다지고, 쪽파는 송송 썰고,

4 중간 불로 달군 팬에 식용유(약간)를 둘러 달걀프라이를 만들고,

TIP 볶음밥을 할 땐 따뜻한 밥을 넣어야 고슬고슬하게 볶을 수 있어요.

5 중간 불로 달군 팬에 식용유(약간)를 둘러 다진 양파를 볶다가 반 정도 익으면 전복을 넣어 살짝 볶은 뒤 밥을 넣어 볶고,

TIP 전복은 살짝 볶아야 질겨지지 않아요.

6 굴소스(2작은술), 치킨스톡($\frac{1}{2}$작은술)을 섞은 뒤 곱게 간 전복 내장(1큰술)을 넣어 센 불에서 고루 볶고,

7 버터(1작은술)를 넣어 고루 섞고 그릇에 담아 달걀프라이, 송송 썬 쪽파를 올려 마무리.

TIP 버터는 마지막에 넣어야 고소한 풍미가 살아요.

돈가스 샌드위치

by. 정호영 선생님 (2018년 10월 10일 방영)

육즙이 살아 있는 두툼한 돈가스를 튀겨
식빵 사이에 쏙 넣었어요. 직접 만든 담백한 타르타르소스와
시판용 돈가스소스를 식빵 한쪽 면씩 골고루 바르고
아삭한 양배추도 듬뿍 곁들였답니다.
생각보다 느끼하지 않고, 오히려 먹고 나면
푸짐한 속 재료 덕분에 하루 종일 정말 든든해요.

☆☆☆☆☆

아이들 간식으로 이만한 게 없어요. 물론 점심 도시락에 넣기도 딱이었죠! (ID : bon1***)

READY | 1인분

필수 재료
돈가스(100g), 양배추(50g), 식빵(2장), 돈가스소스(2⅔큰술),

타르타르소스
레몬즙(1큰술), 마요네즈(4큰술), 다진 양파(3큰술), 다진 오이피클(1작은술), 설탕(4작은술), 소금(약간), 후춧가루(약간)

RECIPE

1 170℃로 예열한 식용유(3컵)에 돈가스를 앞뒤로 2분 정도 노릇하게 튀겨 건지고,

2 양배추는 얇게 채 썰고,

3 식빵은 팬에 바삭하게 구워 꺼내고,

4 **타르타르소스**를 만들고,

5 구운 식빵(1장)에 돈가스소스(1⅔큰술)를 바른 뒤 돈가스를 올리고,

6 남은 돈가스소스(1큰술)를 한 번 더 바른 뒤 채 썬 양배추, 타르타르소스를 올리고,

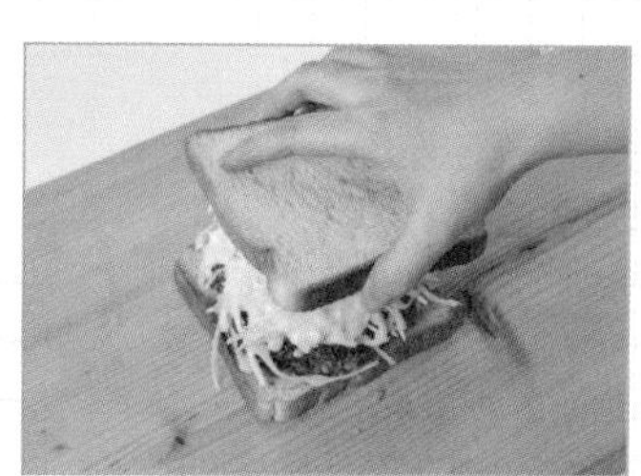

7 남은 식빵으로 덮은 뒤 2등분해 마무리.

육회물회

by. 최인선 선생님 (2018년 9월 3일 방영)

육회와 물회의 만남! 상상하기 힘든 조합이라고요?

고소하고 도톰한 소고기를 새콤달콤한 양념 국물에 말아

한입에 후루룩 즐겨보세요.

한 번 맛보면 자꾸만 찾게 되는 별미 중의 별미예요.

쫄깃하게 삶아낸 통통한 우동면 넣는 것도 잊지 마세요.

☆☆☆☆☆

친구들에게 특별한 요리를 대접하고 싶었어요. 신기해 하면서도 다들 너무 좋아하더라고요. (ID : eunw***)

READY | 2인분

필수 재료
오이($\frac{1}{4}$개), 배($\frac{1}{2}$개), 당근($\frac{1}{4}$개), 소고기(꾸리살 100g), 우동면(150g), 무순(30g), 얼음(3컵)

선택 재료
조미김(3장), 레몬($\frac{1}{4}$개)

밑간
설탕(1큰술), 간장(1큰술), 참기름(1큰술), 다진 마늘(1큰술), 후춧가루(약간)

양념
고추냉이(1큰술), 참깨(1큰술)

육회물회 국물
된장($2\frac{1}{2}$큰술), 식초($2\frac{1}{2}$큰술), 후춧가루(1작은술), 고춧가루(2큰술), 다진 마늘(4작은술), 물($1\frac{1}{2}$컵)

RECIPE

1 오이는 껍질을 벗겨 돌려 깎아 씨를 제거한 뒤 얇게 채 썰고, 배와 당근은 얇게 채 썰고, 김은 굵게 썰고, 레몬은 껍질째 웨지모양으로 썰고,

TIP 육회용 소고기는 기름기가 적은 꾸리살이나 홍두깨살, 우둔살 부위가 적당해요.

TIP 우동 대신 삶은 소면이나 꽁보리밥, 찬밥을 넣어 함께 먹어도 맛있어요.

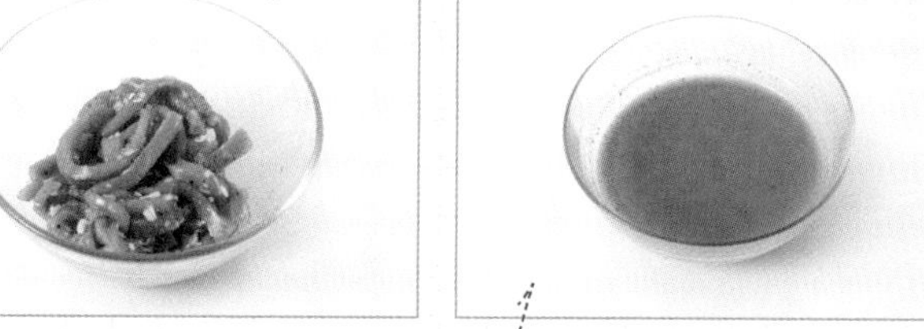

2 소고기는 포를 뜬 뒤 결 반대 방향으로 얇게 채 썰어 **밑간**해 버무리고,

3 **육회물회 국물**을 만들어 체에 밭쳐 건더기를 거른 뒤 얼음(60g)을 넣어 차갑게 만들고,

4 끓는 물에 우동면을 넣어 30초 정도 삶아 건진 뒤 얼음물에 담갔다 체에 밭쳐 물기를 제거하고,

TIP 소고기는 먹기 직전에 썰어야 식감이 훨씬 쫄깃해요.

TIP 전날 만들어 하루 정도 숙성해 사용해도 좋아요.

5 삶은 우동면을 그릇에 담은 뒤 차갑게 만든 육회물회 국물을 붓고 채 썬 배, 오이, 당근을 올리고,

6 밑간한 소고기를 가운데에 담고 조미김, 웨지모양으로 썬 레몬을 곁들이고,

7 무순, 고추냉이(1큰술)를 올린 뒤 남은 얼음(40g)을 둘러 담고 참깨(1큰술)를 곱게 부숴 넣어 마무리.

바나나식초와 낙지초무침

by. 최진흔 선생님 (2018년 1월 4일 방영)

READY | 2인분

필수 재료
오이(1개), 양파($\frac{1}{2}$개), 배($\frac{1}{4}$개), 낙지(2마리)

선택 재료
빨간 파프리카($\frac{1}{4}$개)

양념
소금(2작은술), 설탕($2\frac{1}{2}$큰술), 밀가루(약간),
바나나식초(3큰술), 설탕($1\frac{1}{2}$큰술), 배즙(2큰술)

찌개나 탕에 넣어 끓여만 먹던 낙지에
상큼하고 톡 쏘는 바나나식초를 넣어 무쳐보세요.
아삭하게 절여진 채소와 달큰한 바나나향이
한데 어우러져 식욕을 자극한답니다.

RECIPE

1 오이는 반 갈라 어슷 썬 뒤 소금($\frac{1}{2}$작은술)을 넣어 15분 정도 절이고, 양파는 채 썬 뒤 소금($\frac{1}{2}$작은술)을 넣어 15분 정도 절이고,

TIP 배는 설탕을 뿌려주면 갈변되지 않아요.

2 배는 껍질을 제거해 채 썰어 설탕(1큰술)을 넣어 섞고, 파프리카는 채 썰고,

TIP 충분히 주물러 씻어야 이물질이 잘 제거돼요.

3 낙지는 머리를 뒤집어 내장, 눈, 입을 제거한 뒤 밀가루로 10분 정도 바락바락 주물러 씻어 헹구고,

TIP 데친 낙지를 얼음물에 담가주면 탱글탱글한 식감이 살아요.

4 끓는 소금물(물3컵+소금$\frac{1}{2}$작은술)에 손질한 낙지를 넣어 살짝 데쳐 얼음물에 담갔다 건진 뒤 한입 크기로 썰고,

5 데친 낙지에 바나나식초(3큰술), 설탕(1$\frac{1}{2}$큰술), 소금($\frac{1}{2}$작은술), 배즙(2큰술)을 넣어 버무리고,

TIP 데친 낙지에 양념을 먼저 하면 간이 쏙쏙 잘 스며들어요.

TIP 배는 부서지지 않게 마지막에 넣어 살살 섞어도 좋아요.

6 채 썬 파프리카, 배, 절인 양파, 오이를 넣어 살살 버무리고 그릇에 담아 마무리.

POINT!

바나나식초 만들기

필요 재료
푹 익은 바나나(1kg), 꿀(500g), 쌀식초(1L), 유기농 설탕(400g)

TIP 쌀식초 대신 현미식초를 사용해도 좋아요.

TIP 바나나와 쌀식초는 1 : 1 동량으로 준비해요.

1 바나나는 껍질을 벗긴 뒤 편 썰고,

2 쌀식초에 꿀, 유기농 설탕을 넣어 고루 섞어 유리병에 담고,

TIP 설탕 대신 꿀을 넣을 땐 설탕의 양보다 1.5배 더 넣어주세요.

3 바나나를 넣어 일주일 정도 실온 숙성한 뒤 건더기를 체로 걸러 국물만 유리병에 담고 냉장 보관해 마무리.

TIP 바나나식초는 유리병에 담아 숙성해요.

2014년 11월 17일 방영

훈제오리전골

by. 최진혼 선생님

늘 구워만 먹던 훈제오리를
국물이 낭창한 전골요리로 색다르게 즐겨보세요.
오리기름의 고소함과 부지깽이의 향이
배어들어 국물 맛이 깔끔하고 담백해요.
오리는 부지깽이에도 싸먹고, 팽이버섯과도 곁들여 먹
입맛대로 다양하게 맛보세요.

☆☆☆☆☆

훈제요리 전골에 부지깽이와 팽이버섯은 꼭 듬뿍 넣으세요! 금세 입속으로 사라지더라고요. (ID : chkk***)

☆☆☆☆☆

손님상에 무엇을 대접하면 좋을 지 고민하던 차에 훈제오리전골을 준비했어요. 특별한 요리 대접을 받았다면서 매우 좋아하시더라고요! (ID : cmm7***)

READY | 4인분

필수 재료
쪽파(6대), 양파($\frac{1}{4}$개), 홍고추(2개), 마른 부지깽이(200g), 훈제오리(400g)

선택 재료
팽이버섯(100g), 청양고추(2개)

멸치다시마육수 재료
국물용 멸치(10마리), 건고추(2개), 다시마(1장=10×10cm)

부지깽이 양념
국간장(2$\frac{1}{2}$큰술), 다진 마늘(1$\frac{1}{2}$큰술), 다진 파(2큰술), 생강즙(1작은술), 들기름(1큰술), 된장(1큰술)

RECIPE

1 팽이버섯은 밑동을 자른 뒤 굵게 가르고, 청양고추는 송송 썰고, 쪽파는 4cm 길이로 자르고, 양파는 채 썰고, 홍고추는 반 갈라 씨를 제거한 뒤 채 썰고,

2 냄비에 물(4$\frac{1}{2}$컵), **멸치다시마육수 재료**를 넣어 끓어오르면 다시마를 건져낸 뒤 15분간 더 끓이고,

3 마른 부지깽이는 끓는 물에 넣어 20분 삶아 불을 끈 뒤 1~1시간 반 정도 불리고,

TIP 마른 나물을 불릴 때 끓는 물에서 삶으면 영양소가 파괴되는 것을 줄여주고 더 꼬들꼬들 해져요.

4 불린 부지깽이는 건져 물기를 짠 뒤 **부지깽이 양념**과 송송 썬 청양고추를 넣어 무치고,

5 전골냄비에 채 썬 양파와 양념에 버무린 부지깽이나물을 담은 뒤 훈제오리를 돌려가며 얹고,

TIP 오리기름은 부지깽이나물을 훨씬 더 부드럽게 만들어요.

6 쪽파 흰 부분, 홍고추, 멸치다시마육수(2컵)를 넣은 뒤 뚜껑을 닫고 한소끔 끓어오르면 팽이버섯과 쪽파 초록부분을 올려 마무리.

TIP 거품을 제거하면 맛이 더 깔끔해져요.

무조림

by. 한명숙 선생님 (2017년 10월 11일 방영)

가다랑어포의 맛을 뭉근하게 우려내
짭조름한 맛이 일품인 밥도둑 반찬이에요.
푹 조린 달큰한 양념이 무에 쏘옥~ 배어있고,
부드러운 식감 덕에 목넘김도 좋아요.
고명으로 올린 보리새우와 가다랑어포 덕에
감칠맛을 두세 배는 더 살려주네요.

RECIPE

1 무는 반달 모양으로 도톰하게 썰고, 쪽파는 송송 썰고,

TIP 가다랑어포는 불은 끈 뒤 넣어야 특유의 감칠맛이 잘 우러나와요.

TIP 깔끔한 맛을 원할 땐 다시마를 건져낸 뒤 가다랑어포를 넣고 우려요.

2 냄비에 물(3컵), 다시마를 넣어 끓어오르면 불을 끈 뒤 가다랑어포를 넣어 식을 때까지 우리고,

READY | 4인분

필수 재료
무($\frac{1}{3}$토막), 쪽파(1대), 보리새우(3큰술), 가다랑어포(3g)

육수 재료
물(3컵), 다시마(1장=10×10cm), 가다랑어포($\frac{1}{4}$컵)

양념
간장($2\frac{1}{2}$큰술), 설탕($1\frac{1}{2}$큰술), 청주(1큰술), 맛술(1큰술), 생강즙(1작은술)

☆☆☆☆☆

달큰한 데다가 속도 시원한 무조림! 식탁에 올릴 필수 반찬이죠. (ID : mmee***)

3 건더기는 체로 거르고,

4 약한 불로 달군 팬에 보리새우를 살살 볶아 꺼낸 뒤 한 김 식히고,

5 냄비에 무가 잠길 만큼 물을 부은 뒤 5분 정도 삶아 건지고,

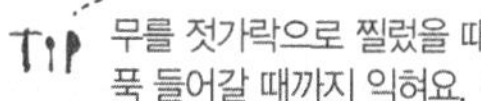

TIP 무를 젓가락으로 찔렀을 때 푹 들어갈 때까지 익혀요.

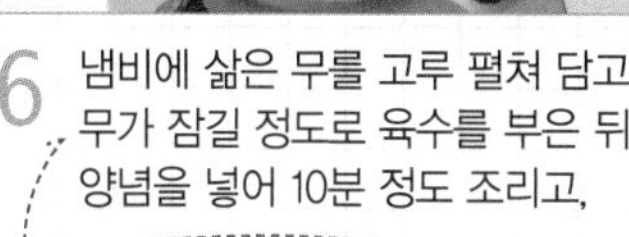

6 냄비에 삶은 무를 고루 펼쳐 담고 무가 잠길 정도로 육수를 부은 뒤 양념을 넣어 10분 정도 조리고,

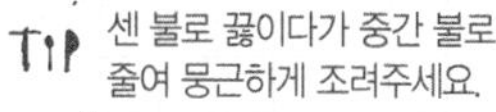

TIP 센 불로 끓이다가 중간 불로 줄여 뭉근하게 조려주세요.

7 국물이 자박하게 졸아들면 국물을 끼얹어가며 끓이고,

8 그릇에 조린 무, 국물을 담고 가다랑어포, 볶은 보리새우, 송송 썬 쪽파를 뿌려 마무리.

↑P206
←P210

3

CHAPTER | 최요비 작가&PD가 엄선한 베스트 요리

↑P184
→P202

오랜 시간 변함없이
여러분에게 최고의 레시피를 선보이고 있는 〈최고의 요리 비결〉.
화면 속 요리 선생님 외에 보이지 않는 곳에서 수많은 스태프들이 활약하고 있어요.
오랜 시간 요리 프로그램을 진행하며 쌓아온 탄탄한 내공과
미식가 못지않은 예민한 미각으로 정평이 난 〈최고의 요리 비결〉의 스태프들!
그들이 직접 뽑은 잊지 못할 그 맛, 그 레시피를 모았어요!

김볶음

by. 김덕녀 선생님 (2014년 4월 28일 방영)

향긋한 김 내음이 입안으로 가득 퍼지고 쫄깃하게 씹는 맛이 참 좋아요.
짭조름하고 달달한 양념에 버무려
아이들 반찬 또는 주먹밥으로도 안성맞춤이랍니다.

☆☆☆☆☆

심심할 수 있는 김볶음에 양념을 더하니 짭짤한 게 계속 손이 가요~ (ID : kmtt***)

☆☆☆☆☆

만들기도 쉽고 맛도 좋은 김볶음. 한번 만들어두면 일주일 반찬 걱정이 없어요. 김이 눅눅해지면 볶음밥에 올려 먹어도 좋아요. (ID : kip2***)

READY | 6인분

필수 재료

김(20장)

양념

설탕(1큰술), 청주(½큰술), 간장(2큰술), 물엿(½큰술), 참깨(½큰술)

RECIPE

TIP 불이 세면 김이 탈 수 있으니 약한 불로 볶아요.

TIP 뜨거울 때 참깨를 넣어야 김에 잘 붙어요.

1 김은 한입 크기로 자른 뒤 약한 불로 달군 팬에 식용유(½컵)를 둘러 김을 가볍게 볶아 꺼내고,

2 다른 팬에 참깨를 제외한 **양념**을 넣어 끓어오르면 김을 넣어 볶고,

3 참깨(½큰술)를 뿌리고 고루 섞어 마무리.

POINT!

처음처럼 바삭바삭하게 김 보관하는 법

만들기는 간단하지만 조금만 방심하면 눅눅해지는 김! 이제 바삭하면서도 오랜 기간 보관하는 꿀팁을 알려드릴게요. 보통 조미되지 않은 김은 유통기한이 약 10개월 정도에요. 조미된 김은 길어야 6개월 정도죠. 물론 밀봉된 상태일 때를 말해요. 요리했을 때는 약 7일 정도 보관할 수 있지만 조금이라도 바삭하게 먹는 법이 있어요.

TIP 키친타월에 깐 김을 겹쳐주세요.

1

김을 밀폐용기에 보관할 때는 습기를 잡도록 바닥에 키친타월을 한 장 깔아두세요. 다른 식품을 사고 남은 흡습제인 실리카젤을 사용해도 좋아요.

2

김을 세 묶음으로 나누고 묶은 김 사이에 키친타월을 깔아주세요. 그다음 큰 신문지로 김을 감싸주세요.

3

지퍼백에 넣고 밀봉해 냉동실에 보관하세요. 꼼꼼하게 밀봉 했어도 약간은 눅눅해질 수 있어요. 이럴 때는 먹기 전에 전자레인지에 넣고 30초 정도만 살짝 돌려보세요.

묵은지닭볶음탕

by. 김선영 선생님 (2016년 9월 6일 방영)

평범한 닭볶음탕에 제대로 삭힌 묵은지를 넣어 끓이면
집 나간 입맛 돌리는 보약과도 같은 메뉴예요.
닭 한 마리를 뭉근하게 끓여 양념이 쏙쏙 배고요.
묵은지의 시원함은 국물에 제대로 녹아들었답니다.
푹 익은 감자와 국물은 흰 쌀밥에 슥슥 비벼 호호 불어 드세요.

☆☆☆☆☆

처리하기 곤란한 묵은지 팍팍 넣고 통깨랑 참기름 넣으니 가족들한테 인기 폭발이었어요! (ID : gink***)

READY | 4인분

필수 재료
묵은지(800g), 감자(1개), 대파(1대), 토막 닭(1마리)

선택 재료
양파(½개), 당근(½개)

양념장
고운 고춧가루(4큰술), 후춧가루(약간), 들깻가루(1큰술), 맛술(3큰술), 간장(5큰술), 생강술(3큰술), 다진 마늘(2큰술), 굴소스(1큰술), 물엿(4큰술)

양념
참깨(2작은술), 참기름(1큰술)

RECIPE

1 묵은지는 물에 살짝 헹궈 양념을 제거하고,

TIP 끓는 물에 살짝 데치면 기름기가 쏙 빠져 더 담백해요.

2 감자와 양파는 큼직하게 썰고, 당근은 한입 크기로 썰고, 대파는 어슷 썰고,

3 닭은 끓는 물에 살짝 데친 뒤 찬물에 식혀 체에 밭쳐 물기를 빼고,

4 **양념장**을 고루 섞고,

5 냄비에 데친 닭, 양념장을 넣어 볶은 뒤 묵은지, 물(2컵)을 넣어 5분 정도 끓이다가 뚜껑을 덮어 7분간 더 끓이고,

6 손질한 감자, 당근을 넣어 10분간 끓인 뒤 양파를 넣어 한소끔 더 끓이고,

7 어슷 썬 대파를 넣고 참깨(2작은술), 참기름(1큰술)을 뿌려 마무리.

순두부짬뽕

by. 김선영 선생님 (2017년 1월 31일 방영)

뭐니 뭐니 해도 짬뽕의 생명은 역시 국물!
해산물과 채소로 시원하고 담백한 맛은 살리고,
비법 양념인 참치액과 굴소스로 감칠맛을 업그레이드!
몽실몽실한 순두부를 뚝뚝 떠 넣어주면
속까지 꽉 채우는 든든한 식사 완성이에요.

☆☆☆☆☆

국물이 시원한 짬뽕에 순두부까지 들어가니 한술 떠먹을 때마다 속이 뻥 뚫리네요! (ID : joge***)

READY | 4인분

필수 재료
느타리버섯(2줌), 양파($\frac{1}{2}$개), 대파(5cm), 오징어(1마리), 순두부(1봉=400g), 홍합(250g)

선택 재료
불린 목이버섯(5개), 부추(20g)

밑간
소금($\frac{1}{4}$작은술), 후춧가루(약간), 간장(1작은술)

양념장
설탕(1작은술), 고운 고춧가루(1큰술), 청주(1큰술), 간장(1작은술), 참치액(1큰술), 굴소스($\frac{1}{2}$큰술), 다진 마늘(2작은술), 고추기름(1큰술)

육수 재료
물(3컵), 멸치(5마리)

양념
소금(약간)

RECIPE

TIP 목이버섯의 딱딱한 부분은 뜯어내세요.

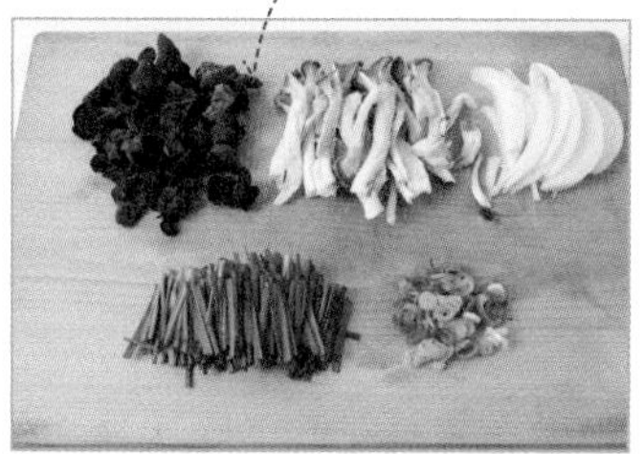

1 불린 목이버섯, 느타리버섯은 먹기 좋게 찢고, 양파는 채 썰고, 부추는 한입 크기로 썰고, 대파는 송송 썰고,

2 홍합은 수염을 제거한 뒤 깨끗이 물에 여러 번 헹구고,

3 오징어 몸통은 반 가른 뒤 안쪽에 사선으로 칼집을 내 한입 크기로 썰고, 다리도 한입 크기로 썰고,

TIP 순두부에 미리 밑간을 해야 간이 잘 맞고 간수가 빠져 쓴맛이 나지 않아요.

4 순두부는 **밑간**하고, **양념장**은 고루 섞고,

5 물(3컵)에 내장 제거한 멸치를 넣고 5~7분 정도 끓여 육수를 만들고,

TIP 뚜껑을 열고 끓여야 멸치 비린내가 날아가요.

6 냄비에 멸치육수(2컵)를 부은 뒤 순두부와 부추를 제외한 모든 재료와 양념장을 넣어 끓이고,

TIP 순두부에 수분이 많으니 약간 적게 넣어야 국물이 넘치지 않고 간도 딱 맞아요.

7 밑간한 순두부를 넣어 1분 정도 끓인 뒤 소금(약간)으로 간하고 부추를 올려 마무리.

TIP 부추는 마지막에 넣어 살짝 익혀주세요.

콩나물맛살무침

by. 김선영 선생님 (2017년 10월 2일 방영)

익숙한 콩나물무침을 한동안 멀리했다면 맛살을 얇게 찢어 넣어 별미 반찬으로 즐겨보세요.
콩나물무침 양념의 비결은 바로 참치액!
비린내 없이 감칠맛만 살려서 입맛을 더 돋워준답니다.
아이들도 잘 먹으니 온 가족 밥반찬으로 손색없어요.

☆☆☆☆☆

만들기도 쉽고 반찬으로도 손색없어요. 참치액이 맛을 한 단계 높여주네요! (ID : chmm***)

☆☆☆☆☆

콩나물맛살무침 양념을 멸치액으로 하니 간도 적당하고 맛이 깊어졌어요. 게맛살이 들어가니 아이들도 잘 먹어요. (ID : wiow***)

READY | 4인분

필수 재료
콩나물(300g), 부추(50g), 게맛살(3개), 홍고추(1개)

선택 재료
청양고추(2개)

양념장
간장(2작은술), 소금(약간), 참기름(1큰술), 들기름(1큰술), 참치액(1작은술), 참깨(2큰술), 후춧가루(약간)

RECIPE

TIP 뚜껑을 덮은 채로 두면 콩나물이 아삭하고 비린내가 나지 않아요.

TIP 콩나물의 맛이 빠져나가지 않게 물에 헹구지 말고 그대로 식혀주세요.

1 냄비에 물($\frac{1}{2}$컵), 콩나물을 넣어 1분 정도 끓인 뒤 뚜껑을 덮어 5분간 두고,

2 콩나물은 건져 한 김 식히고,

3 게맛살은 얇게 낱낱이 가르고, 부추는 한입 크기로 썰고, 홍고추와 청양고추는 채 썰고,

4 **양념장**을 만들고,

5 양념장에 콩나물, 손질한 재료를 넣어 무치고 그릇에 먹기 좋게 담아 마무리.

해물김치죽

by. 김선영 선생님 (2017년 10월 5일 방영)

콩나물을 더해 시원한 맛을 살린 해물김치죽 레시피가 지금 공개됩니다!
다양한 해물이 손질되어 있는 모둠 해물을 구입하면 간편해요
찬밥을 볶아서 끓여주면 쌀을 불리지 않아도 맛있는 죽을 만들 수 있어요

☆☆☆☆☆

속은 쓰리고 죽은 먹고 싶은데 맛이 심심하다면 해물김치죽 강추에요! (ID : sokk***)

READY | 4인분

필수 재료

모둠 해물(150g), 양파($\frac{1}{2}$개), 배추김치(300g), 콩나물(200g), 밥(2공기)

양념

소금(1작은술), 다시마 우린 물($3\frac{1}{2}$컵), 김칫국물($\frac{3}{4}$컵), 참기름(2큰술), 굴소스(1큰술), 새우젓(2작은술)

RECIPE

1 소금물(물2컵+소금1작은술)에 모둠 해물(150g)을 넣어 씻은 뒤 체에 밭쳐 물기를 제거하고,

2 모둠 해물과 콩나물은 한입 크기로 썰고,

3 양파와 배추김치는 잘게 다지고,

4 센 불로 달군 냄비에 참기름(2큰술)을 둘러 배추김치, 다진 양파를 넣어 4~5분 정도 볶고,

5 콩나물을 넣어 1분 정도 볶다가 찬 밥을 넣어 골고루 볶고,

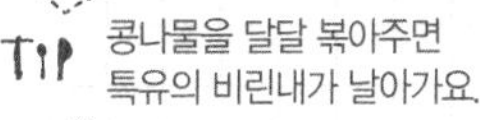

TIP 콩나물을 달달 볶아주면 특유의 비린내가 날아가요.

6 다시마 우린 물($3\frac{1}{2}$컵), 김칫국물($\frac{3}{4}$컵)을 부은 뒤 3분 정도 끓이고,

7 모둠 해물을 넣어 한소끔 더 끓인 뒤 새우젓(2작은술), 굴소스(1큰술)로 간해 마무리.

매콤제육버거

by. 김선영 선생님 (2018년 4월 19일 방영)

우리 입맛에 딱 맞는 메뉴들을 조합해 버거를 만들었어요.
고기 패티 대신 매콤한 제육볶음을 두툼하게 넣었고요.
당근, 오이, 상추 등 아삭한 채소를 곁들여 느끼함도 전혀 없어요.
빵 대신 김을, 부족한 속재료는 밥을 채워 푸짐하고 든든해요.

RECIPE

1 오이와 당근은 채 썰고, 상추는 깨끗이 씻어 물기를 제거하고, 김은 4등분하고

2 **양념장**을 만들고,

3 팬에 양념장을 넣어 3분 정도 끓인 뒤 돼지고기를 넣어 완전히 익도록 볶아 체에 양념 국물을 거르고,

4 밥에 **단촛물**을 넣어 밑간한 뒤 참기름(2작은술), 참깨(2작은술)를 뿌리고,

5 중간 불로 달군 팬에 식용유(약간)를 둘러 채 썬 당근을 소금(약간)으로 간하며 살짝 볶고,

6 4등분한 김($\frac{1}{4}$장)에 밑간한 밥을 고루 펴 바른 뒤 전체 김(1장) 위에 마름모꼴로 올리고,

7 상추→볶은 돼지고기→채 썬 오이→볶은 당근→4등분한 황색지단(1장) 순으로 올린 뒤 밥을 바른 다른 김($\frac{1}{4}$장)은 얹어 전체 김으로 감싸고,

8 포장지에 제육버거를 올리고 사방으로 감싸 반으로 잘라 마무리.

TIP 돼지고기는 3~4mm 두께로 썰어 준비해요. 앞다리살, 뒷다리살, 삼겹살을 사용해도 좋아요.

TIP 황색지단은 미리 부쳐 준비해요.

TIP 버거용 제육볶음 양념장은 고추장을 조금 더 넣어주는 게 좋아요.

TIP 양념장을 먼저 끓인 뒤 돼지고기를 볶으면 맛이 깊어지고 간도 잘 스며들어요.

TIP 양념 국물을 제거해줘야 버거가 눅눅해지지 않아요.

READY | 4인분

필수 재료
오이(70g), 상추(20g), 돼지고기(목살 300g), 밥(3공기), 김(5장),

선택 재료
당근(130g), 황색지단(1장)

양념장
참깨(1큰술), 고추장(2큰술), 후춧가루(약간), 설탕($\frac{1}{2}$큰술), 간장(1큰술), 맛술(1큰술), 다진 마늘(1큰술), 물엿(1큰술), 기름($\frac{1}{2}$큰술), 생강술(2큰술), 고운 고춧가루(2큰술), 소금(약간)

단촛물
소금($\frac{1}{2}$큰술), 식초(2큰술), 설탕($\frac{2}{3}$큰술),

양념
참기름(2작은술), 참깨(2작은술), 소금(약간)

매콤쌀국수볶음

by. 김선영 선생님 (2014년 4월 15일 방영)

매일 먹는 밥 대신 색다른 게 당기는 날에는
동남아풍 소스로 매콤하게 볶은 쌀국수볶음 어떠세요?
숙주와 스크램블 에그를 섞는 게 포인트!
좋아하는 채소와 해물, 고기를 취향대로 넣어도 좋답니다.

READY | 2~3인분

필수 재료
쌀국수(100g), 마늘(2개), 청양고추(2개), 양파(1/3개), 빨간 파프리카(1/2개), 오징어(200g), 숙주(200g)

선택 재료
불린 표고버섯(2개), 청피망(1/2개), 새우(100g), 달걀(2개)

소스
설탕(1큰술), 피시소스(1큰술), 레몬즙(1작은술), 스위트칠리소스(1큰술), 굴소스(2큰술)

양념
소금(1작은술+약간), 고추기름(2큰술)

TIP 해산물 대신 닭고기나 소고기를 넣어도 맛있어요.

RECIPE

TIP 쌀국수 면이 하얗게 변하고 부드러워지면 잘 불린 거예요.

1 쌀국수는 찬물에 담가 40분 정도 불리고,

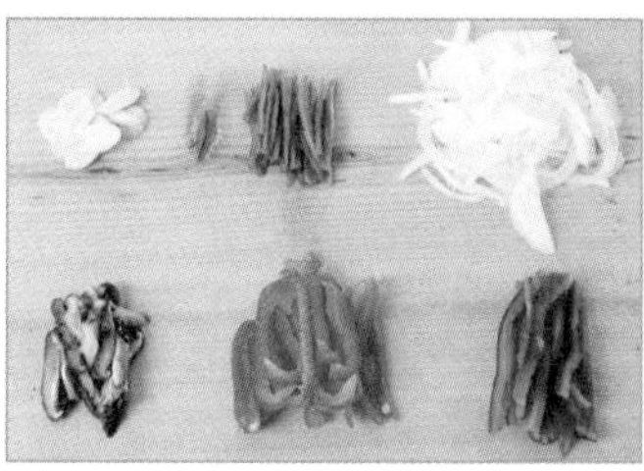

2 마늘은 편으로 썰고, 청양고추와 양파, 불린 표고버섯, 파프리카, 청피망은 채 썰고,

3 새우는 머리와 껍질, 내장을 제거한 뒤 소금물(물3컵+1작은술)에 헹궈 물기를 빼고,

TIP 오징어에 칼집을 낼 때 칼을 비스듬히 눕히면 칼집 내기가 훨씬 수월해요.

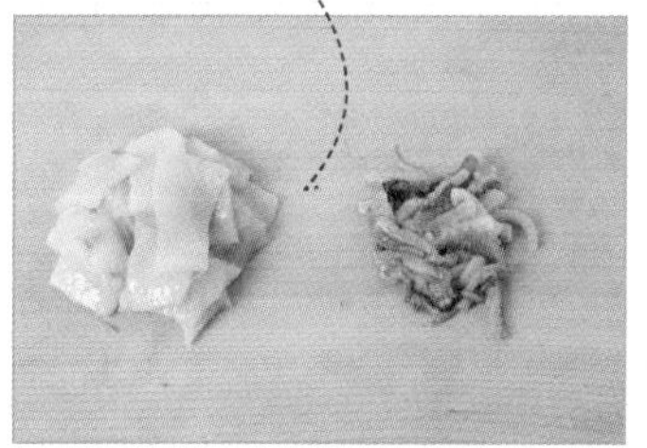

4 오징어는 키친타월로 껍질을 벗겨 몸통 안쪽에 사선으로 칼집을 낸 뒤 반으로 잘라 한입 크기로 썰고, 다리도 한입 크기로 썰고,

5 **소스**를 만들고,

TIP 반 정도 익힌 뒤 불을 끄고 간열로 익히면 식감이 훨씬 부드러워져요.

6 달걀은 고루 푼 뒤 소금(약간)으로 간해 중간 불로 달군 팬에 식용유(1)를 둘러 스크램블 에그를 해 꺼내고,

7 중간 불로 달군 팬에 고추기름(2큰술)을 둘러 마늘, 청양고추를 볶다가 양파와 표고버섯을 넣어 재빨리 볶고,

8 새우를 넣어 반 정도 익으면 오징어, 소금(1작은술), 고추기름(2큰술)을 넣은 뒤 불린 쌀국수, 파프리카와 청피망을 넣어 볶고,

9 스크램블 에그와 숙주를 넣어 섞은 뒤 그릇에 담아 마무리.

TIP 숙주는 아삭한 식감을 살려 살짝만 볶아요.

비프스테이크덮밥

by. 김선영 선생님 (2018년 4월 20일 방영)

달콤 짭조름한 소스를 입은 부드러운 육질의 스테이크.
그냥 썰어 단품으로 먹어도 정말 맛있지만
한국인이라면 밥과 함께 먹어야 '잘 먹었다'는 소리가
절로 나오죠. 느끼함을 잡는 숙주도 듬뿍 곁들였으니
밥 위에 얹어 한 그릇 든든하게 즐기세요.

☆☆☆☆☆

비프스테이크덮밥, 무슨 말이 더 필요하겠어요. 완벽 그 자체였어요! (ID : wu8s***)

READY | 2인분

필수 재료
마늘(6개), 숙주(120g), 소고기(살치살 150g), 밥(1공기)

선택 재료
쪽파(1대)

소스
대양파(50g), 파(1대), 생강(1톨), 다시마육수($\frac{3}{4}$컵), 간장($\frac{1}{2}$컵), 맛술($\frac{1}{4}$컵), 설탕($3\frac{1}{3}$큰술)

양념
소금(약간), 참깨(약간)

RECIPE

1 양파는 도톰하게 채 썰고, 대파는 큼직하게 썰고, 생강과 마늘은 편으로 썰고, 쪽파는 송송 썰고, 숙주는 꼬리 부분을 떼고, 소고기는 키친타월로 핏물을 제거한 뒤 깍둑 썰고,

TIP 향채소를 구우면 불 맛과 특유의 단맛이 올라와 풍미 진한 소스를 만들 수 있어요.

2 중간 불로 달군 팬에 큼직하게 썬 대파, 채 썬 양파, 편 썬 생강을 넣어 2~3분 정도 굽고,

3 다시마육수, 간장, 맛술, 설탕($3\frac{1}{3}$큰술)을 넣어 5분 정도 끓인 뒤 체에 건더기를 걸러 **소스**를 만들고,

TIP 매콤한 맛을 원한다면 고운 고춧가루(2작은술)를 넣어 볶아도 좋아요.

4 중간 불로 달군 팬에 올리브유(1큰술)를 둘러 편 썬 마늘은 볶다가 소고기를 넣어 반쯤 익으면 소금(약간), 소스(4큰술)를 넣어 볶고,

5 볼에 볶은 소고기와 마늘, 소스를 덜어내 5~10분간 레스팅을 하고,

TIP 소고기를 구운 뒤 잠시 두면 육즙이 골고루 퍼져 더 맛있어요.

6 센 불로 달군 팬에 올리브유(1큰술)를 둘러 숙주를 30초~1분간 볶다가 소스(2큰술)를 넣어 볶아 꺼내고,

TIP 숙주 대신 채 썬 양배추(200g)를 사용해도 좋아요.

7 그릇에 소고기 볶고 남은 소스를 부은 뒤 따뜻한 밥을 담고 볶은 소고기, 마늘, 숙주를 올린 뒤 송송 썬 쪽파, 참깨(약간)를 뿌려 마무리.

부산 사람들이 즐겨 먹는 고등어 추어탕은
원기 회복에 효과가 탁월하다고 해요.
제철 맞은 가을 고등어는 통통하게 살이 올라
고소한 맛이 최고랍니다.
부드러운 얼갈이배추를 더해주면 아삭한 맛도 일품이고
영양까지 몽땅 챙길 수 있지요.

고등어추어탕

by. 김영빈 선생님 (2016년 10월 7일 방영)

RECIPE

TIP 고등어는 내장을 제거해 큼직하게 썰어 준비해요.

READY | 4인분

필수 재료
대파(1/4대), 청양고추(1개), 홍고추(1개), 얼갈이배추(400g), 고등어(1마리)

양념장
고춧가루(3큰술), 후춧가루(약간), 국간장(1큰술), 다진 마늘(1큰술), 다진 생강(1작은술), 된장(2큰술), 참기름(2작은술)

육수 재료
대파(1대), 양파(1개), 마늘(5쪽), 생강(1톨), 통후추(1/2작은술)

양념
소금(약간), 후춧가루(약간)

1 대파, 청양고추, 홍고추는 어슷 썰고,

2 끓는 소금물(물5컵+소금 1/2작은술)에 얼갈이배추를 살짝 데친 뒤 찬물에 식혀 물기를 짜 한입 크기로 썰고,

3 **양념장**을 만들고,

4 냄비에 물(8컵), **육수 재료**를 넣어 끓어오르면 고등어를 넣고 20~30분 정도 끓이고,

TIP 육수에 고등어 머리를 넣고 끓이면 맛이 진해져요.

5 육수는 체로 걸러낸 뒤 고등어는 뼈와 가시를 발라내고,

6 발라낸 고등어살과 얼갈이배추에 양념장을 넣어 고루 버무리고,

TIP 고등어와 얼갈이배추에 먼저 양념을 해야 간이 잘 배어 맛있어요.

7 육수에 양념한 고등어살과 얼갈이배추를 넣어 센 불에서 20분 정도 끓이다가 중간 불로 5분 더 끓이고,

TIP 뚜껑을 열고 끓여 비린내를 날려주세요.

8 **양념**으로 간을 하고 어슷 썬 대파, 청양고추, 홍고추를 올려 마무리.

달걀토스트

by. 김옥란 선생님 (2014년 10월 16일 방영)

바쁜 아침 출근길, 길거리 가판대에서 두유 한 병과 함께
허기를 달래주던 달걀토스트.
달걀과 양배추샐러드만 넣었을 뿐인데 은근히 자꾸 먹게 되죠.
케첩 대신 달달한 딸기잼을 넣어 살짝 변화를 줬어요.

☆☆☆☆☆

딸기잼이 킬링 포인트! 다른 잼으로 만들어도 맛있었어요. (ID : due1***)

READY | 2인분

필수 재료
양파($\frac{1}{4}$개), 대파($\frac{1}{4}$대), 달걀(4개), 식빵(4장)

선택 재료
당근(30g), 양상추(150g)

양념
소금($\frac{1}{3}$작은술), 버터(1작은술), 마요네즈(4큰술), 딸기잼(4큰술)

RECIPE

TIP 취향에 따라 좋아하는 재료들을 다져 넣어요.

1 양파와 당근, 대파는 곱게 다지고, 양상추는 식빵 크기에 맞게 잘라 깨끗이 씻어 헹군 뒤 물기를 제거하고,

TIP 가장자리를 모아가며 빵 속에 넣기 좋게 모양을 잡아주세요.

2 달걀은 곱게 푼 뒤 소금($\frac{1}{3}$작은술), 다진 당근, 양파, 대파를 넣어 고루 섞고,

3 중약 불로 달군 팬에 식용유를 넉넉히 두른 뒤 달걀물을 부어 식빵 크기로 지단을 부치고,

4 다른 팬에 버터(1큰술)를 넣어 녹인 뒤 앞뒤로 식빵을 노릇하게 구워 건지고,

5 노릇하게 구운 식빵 한쪽엔 마요네즈(4큰술), 다른 한쪽에는 딸기잼(4큰술)을 바르고,

6 마요네즈를 바른 식빵 위에 양상추→달걀지단 순으로 올린 뒤 딸기잼 바른 식빵으로 덮고,

7 달걀토스트를 먹기 좋게 썰어 그릇에 담아 마무리.

부드럽게 술술 넘어가는 맑은 바지락순두부탕에
칼칼한 청양고추와 향긋한 부추를 듬뿍 넣었어요.
달걀까지 하나 톡 깨 넣으니 없던 입맛도 살아나네요.
새우젓으로 간을 해서 깔끔하면서도 깊은 맛이 나요.

부추순두부탕

by. 김정은 선생님 (2018년 6월 4일 방영)

☆☆☆☆☆

부추와 순두부가 이렇게 잘 어울릴 줄이야. 칼칼한 청양고추도 들어가니 국물이 대박이에요. (ID : kemm***)

☆☆☆☆☆

바지락과 순두부, 여기에 부추와 달걀노른자 까지 얹으니 해장국으로 이만한 게 없네요. 고추까지 송송 썰어넣으니 적당히 칼칼한 게 속이 시원해요. (ID : wiow***)

READY | 4인분

필수 재료
부추(10대), 홍고추(1개), 청양고추(1개), 바지락(10개), 순두부(400g)

선택 재료
달걀노른자(1개)

육수 재료
물(1컵), 다시마(1장=10×10cm)

양념
새우젓(1큰술), 다진 마늘(1작은술), 후춧가루(약간)

RECIPE

1 부추는 4cm 길이로 썰고, 홍고추와 청양고추는 송송 썰고,

2 냄비에 **육수 재료**를 넣어 끓어오르면 5분 정도 더 끓여 육수를 만들고,

TIP 물이 끓어오르면 5분 더 끓여주면 돼요.

3 뚝배기에 한 김 식힌 다시마육수, 바지락을 넣어 끓이고,

TIP 바지락은 육수를 식힌 뒤 넣어야 특유의 감칠맛이 잘 우러나와요.

TIP 바지락 대신 새우나 오징어를 넣어 감칠맛을 살려도 좋아요.

4 끓어오르면 새우젓(1큰술), 다진 마늘(1작은술)을 넣은 뒤 순두부를 큼직하게 잘라 넣어 끓이고,

5 후춧가루(약간), 부추를 넣은 뒤 불을 끄고,

6 송송 썬 홍고추와 청양고추를 얹고 달걀노른자를 가운데에 올려 마무리.

TIP 달걀노른자를 넣어주면 고소한 맛이 더해져 국물 맛이 훨씬 진해져요.

병어조림

by. 김정은 선생님 (2018년 6월 5일 방영)

조림 하면 갈치조림만 떠올리지만
살이 통통하게 오른 제철 병어로 조린
병어조림 맛 또한 만만치 않네요.
맵지 않은 양념에 조근조근 조려서
간도 딱이고 호박, 감자를 건져 밥에 슥슥 비벼 먹으니
천하일미가 여기 있어요.

☆☆☆☆☆

비린내도 없고 부드럽고 고소한 병어조림. 이제 갈치랑은 이별해야겠어요. (ID : bnyn***)

READY | 4인분

필수 재료
병어(1마리), 감자(2개), 대파(1대)

선택 재료
생강(1톨), 애호박($\frac{2}{3}$개)

양념
굵은 소금(약간), 소금($\frac{1}{3}$작은술), 고춧가루($2\frac{1}{2}$큰술), 청주(2큰술), 고추장($\frac{1}{2}$큰술), 다진 마늘($\frac{1}{2}$큰술)

RECIPE

TIP 병어를 소금에 절이면 생선살이 단단해지고 비린내가 사라져요.

1 지느러미와 내장을 제거한 병어는 앞뒤로 굵은 소금을 뿌려 30분 정도 절이고,

TIP 고추장 대신 된장을 넣어도 구수하고 맛있어요.

2 절인 병어 몸통에 비스듬하게 칼집을 내고,

3 감자는 큼직하게 편으로 썰고, 대파는 어슷 썰고, 생강은 편 썰고, 애호박은 길게 잘라 씨를 제거하고,

4 소금($\frac{1}{3}$작은술), 고춧가루($2\frac{1}{2}$큰술), 청주(2큰술), 고추장($\frac{1}{2}$큰술), 다진 마늘($\frac{1}{2}$큰술)을 섞어 **양념**을 만들고,

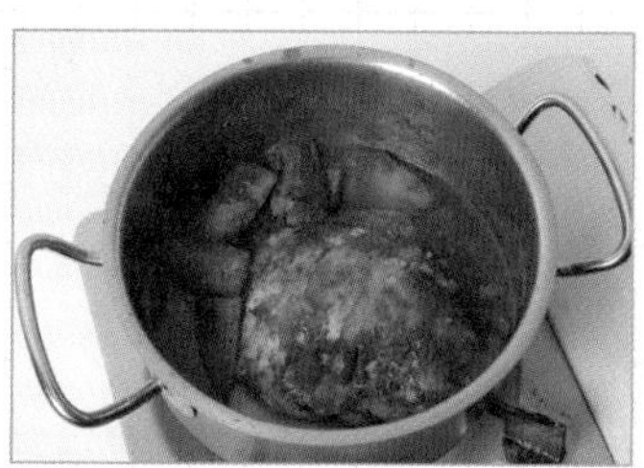

5 냄비에 물($2\frac{1}{2}$컵)을 부은 뒤 생강을 넣어 향이 날 때까지 센 불로 끓이고,

6 감자, 절인 병어, 애호박, 양념을 넣어 국물이 절반으로 졸아들 때까지 끓이고,

7 병어에 국물을 끼얹어가며 조리고 국물이 자작해지면 어슷 썬 대파를 얹어 마무리.

TIP 생강을 넣어 끓이면 병어의 비린내가 제거되고 생선살이 더 단단해져요.

감귤된장무침

by. 문동일 선생님 (2017년 1월 25일 방영)

감귤로 반찬이라니, 생소하다고요?
새콤달콤한 감귤의 맛을 짭짤한 된장이 감싸주어
의외로 맛의 궁합이 좋답니다.
여기에 아삭아삭 사과와 고구마까지 더해 씹는 맛도 살렸어요.

☆☆☆☆☆

상큼하고 신선한 감귤의 맛에 제주에 온 것만 같았어요. (ID : kame***)

☆☆☆☆☆

감귤과 된장이라니 전혀 어울릴 것 같지 않았던 그 맛이 이제는 제 최고의 반찬 1순위가 됐어요. 씹을 때마다 터지는 감귤의 향이 너무 좋았어요. (ID : nnds***)

READY | 4인분

필수 재료
귤(6개), 사과($\frac{1}{4}$개), 대파(5cm), 고구마($\frac{1}{3}$개)

선택 재료
된장(2큰술), 고추장(1큰술), 고춧가루(1큰술), 다진 마늘($\frac{1}{2}$큰술), 청주(1큰술), 물엿($\frac{1}{2}$큰술), 들깻가루($\frac{1}{2}$큰술), 식용유(1큰술), 참깨(약간)

RECIPE

TIP 알알이 떼어낸 귤은 수분이 나오지 않아 3일 정도 맛있게 즐길 수 있어요!

TIP 재료가 잘 섞이도록 고루 저어주세요

TIP 식용유를 마지막에 섞어 양념을 만들면 더 부드러워져요. 향이 강한 올리브유 대신 식용유를 넣어주세요.

1 귤(6개)은 알알이 떼어내고,

2 고구마, 사과, 대파는 채 썰고,

3 들깻가루와 참깨를 제외한 **양념** 재료를 섞어

4 고구마, 사과에 양념을 넣고 버무리다 귤을 넣고,

5 들깻가루($\frac{1}{2}$큰술), 대파를 넣어 버무린 뒤 참깨(약간)를 뿌려 마무리.

초계냉채

by. 박보경 선생님 (2018년 8월 2일 방영)

입맛 없고 축 늘어지는 날에는
새콤달콤하고 시원한 초계냉채가 제격이죠.
기름기 없이 맑게 우려내 육수에 새콤달콤 양념을 해
침샘을 자극하고요.
갖은 채소와 어우러진 쫄깃하고
담백한 닭고기의 매력도 일품이에요.

☆☆☆☆☆

새콤달콤한 초계냉채 하나면 이제 손님상 걱정은 없어요. **(ID : qpk2***)**

☆☆☆☆☆

육수가 시원하면서도 갖은 채소와 닭고기를 감싸주니 잘 어울렸어요. 한그릇 뚝딱하니 기운도 쌩쌩! **(ID : w88s***)**

READY | 4인분

필수 재료
닭다리(500g), 오이(½개), 노란 파프리카(⅓개), 적채(30g), 당근(¼개), 어린잎채소(10g)

선택 재료
참외(90g), 빨간 파프리카(¼개), 방울토마토(6개)

닭다리 삶는 재료
대파(2대), 마늘(5쪽), 생강(1톨), 양파(¼개), 통후추(약간), 월계수잎(1장)

소스
검은깨(2큰술), 설탕(½큰술), 소금(1작은술), 식초(2큰술), 매실청(2큰술), 연겨자(1큰술), 레몬즙(1큰술), 파인애플(40g)

RECIPE

TIP 닭다리의 껍질을 제거해주면 기름기 없는 맑은 육수를 손쉽게 만들 수 있어요

1 냄비에 물(2l), 껍질을 제거한 닭다리와 **닭다리 삶는 재료**를 넣어 센 불에서 끓어오르면 중간 불로 낮춰 30분 정도 삶고,

2 체에 면포를 깔고 건더기를 걸러 닭육수를 따로 한 김 식히고,

TIP 양배추나 양파를 채 썰어 넣어도 좋아요.

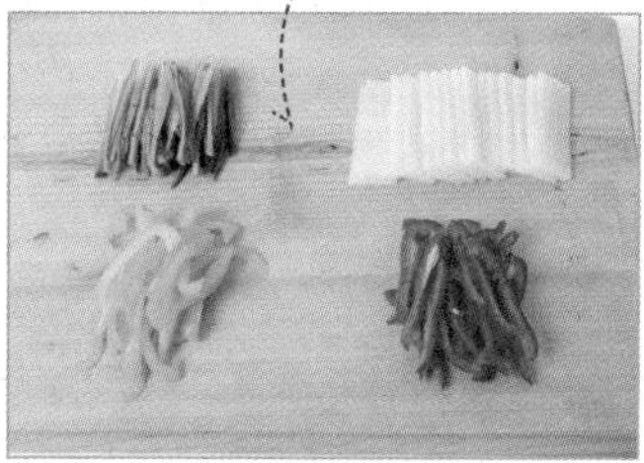

3 오이는 돌려 깎아 얇게 채 썰고, 참외는 껍질을 제거해 반 갈라 씨를 뺀 뒤 납작하게 썰고, 파프리카는 씨를 제거해 채 썰고,

4 적채와 당근은 채 썰고, 토마토는 2등분하고, 삶은 닭다리는 살을 발라낸 뒤 결대로 먹기 좋게 찢고,

5 믹서에 검은깨(2큰술)를 넣어 곱게 간 뒤 나머지 **소스** 재료와 닭 육수(1컵)을 넣어 한 번 더 갈고,

TIP 소스는 냉장고에 잠시 넣어둔 뒤 먹기 직전에 뿌려요.

TIP 얼음을 넣으면 더 시원해져요.

6 그릇에 손질한 채소를 둘러 담고 가운데에 닭다릿살, 어린잎채소를 올린 뒤 반으로 썬 방울토마토를 얹고 소스를 둘러 마무리.

양파김치

by. 박영란 선생님 (2018년 6월 11일 방영)

그냥 먹어도 달달한 햇양파로
달큰한 양파김치를 만들어보세요.
채 썬 밤과 대추가 중간 중간 씹혀 식감이 살아 있어요.
다른 김치 양념과 달리 다진 멸치를 넣어 감칠맛이 진하게 느껴진답니다.
일반 밀가루풀 말고 감자로 풀을 쑤어 버무려서
오래 보관하기도 좋아요.

☆☆☆☆☆

김치 먹을 때 마다 염분이 걱정됐는데, 양파로 만드니 맛도 좋고 마음이 좀 놓이네요. (ID : dadd***)

☆☆☆☆☆

김치로 만들어보니 먹기도 편하고 가끔은 밥이랑 비벼서 먹어보니 간도 딱 맞고 좋더라고요. (ID : wnnd***)

READY | 4인분

필수 재료
양파(10개), 무($\frac{1}{2}$토막), 당근($\frac{1}{4}$개), 홍고추(5개), 쪽파(10대)

선택 재료
밤(2개), 대추(4알)

절임물
물(15컵), 굵은 소금(1컵), 현미식초($\frac{2}{3}$컵)

양념
고춧가루($\frac{2}{3}$컵), 멸치액젓($\frac{1}{2}$컵), 다진 멸치(1큰술), 다진 마늘(1큰술), 다진 생강(1작은술), 감자풀($\frac{1}{2}$컵)

TIP 양파는 속을 분리해서 썰어주면 일정한 크기로 손질할 수 있어요.

RECIPE

TIP 물과 굵은 소금은 15:1 비율이 적당해요.

TIP 절임물에 현미식초를 넣으면 양파의 아린 맛도 제거되고 더 맛있게 절여져요.

1 양파는 한입 크기로 썰고, 무와 당근, 밤, 홍고추는 곱게 채 썰고, 대추는 씨를 제거한 뒤 곱게 채 썰고, 쪽파는 한입 크기로 썰고,

2 물(15컵)에 굵은 소금(1컵), 현미식초($\frac{2}{3}$컵)를 섞어 **절임물**을 만들고,

3 절임물에 양파를 넣어 1시간 정도 절여 물에 헹궈 체에 밭치고,

4 **양념**을 만들고,

5 양념에 손질한 재료를 모두 넣어 골고루 버무리고,

TIP 마지막에 맛을 본 뒤 소금으로 부족한 간을 맞춰주세요.

6 밀폐용기에 담고 비닐을 씌워 하루 정도 실온 숙성한 뒤 냉장실에서 4일간 더 숙성해 마무리.

가자미버터구이

by. 방영아 선생님 (2018년 4월 5일 방영)

담백한 가자미에 버터를 둘러 구워내
풍미를 업그레이드 시켰어요.
메이플시럽을 넣어 은은하게 달큰한 소스가 은근 잘 어우러지네요.
부드러운 살 한 점에 아삭하게 데친 브로콜리,
상큼한 와인 한 잔 곁들이면 고급 레스토랑 남부럽지 않아요.

☆☆☆☆☆

주로 전으로만 먹던 가자미를 버터로 구워내니 근사한 저녁 메뉴가 됐어요. (ID : gamm***)

TIP 손질된 가자미를 준비해요.

READY | 2인분

필수 재료
가자미(1마리)

선택 재료
브로콜리(1송이), 파슬리가루(약간)

밑간
소금(약간), 후춧가루(약간), 화이트와인(1큰술)

양념
밀가루($\frac{1}{2}$컵), 올리브유(1$\frac{1}{2}$큰술), 다진 마늘($\frac{1}{2}$큰술), 버터(1큰술)

소스
메이플시럽(2큰술), 간장(1큰술), 발사믹식초(1큰술), 화이트 와인(1큰술), 다진 호두(1큰술)

TIP 메이플시럽은 단풍나무 수액으로 만든 시럽으로 달콤한 맛이 나요.

RECIPE

TIP 가자미살에 밀가루를 입히면 구울 때 살이 부서지지 않아요.

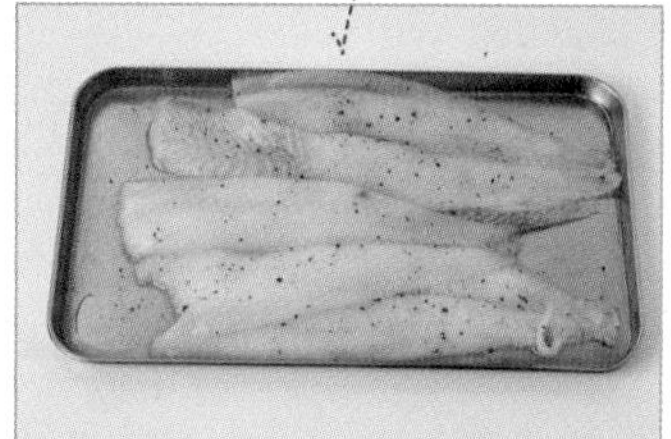

1 포를 뜬 가자미에 **밑간**해 15분 정도 재운 뒤 밀가루를 고루 입히고,

TIP 다진 마늘은 충분히 볶지 않으면 매운맛이 나니 향이 우러나올 때까지 볶아주세요.

2 브로콜리는 윗부분만 잘라 한입 크기로 썰어 끓는 소금물(물2컵+소금$\frac{1}{3}$작은술)에 데쳐 건지고,

3 중간 불로 달군 팬에 올리브유($\frac{1}{2}$큰술)를 둘러 다진 마늘($\frac{1}{2}$큰술)을 넣어 볶고,

4 메이플시럽(2큰술), 간장(1큰술), 발사믹식초(1큰술), 화이트와인(1큰술)을 넣어 끓어오르면 호두(1큰술)를 섞어 **소스**를 만들고,

5 중간 불로 달군 팬에 올리브유(1큰술)를 둘러 버터(1큰술)를 녹인 뒤 가자미를 앞뒤로 노릇하게 굽고,

TIP 버터가 거의 녹을 때쯤 가자미를 넣어요. 살이 부서지지 않도록 한 면을 충분히 익힌 뒤 뒤집어요.

6 데친 브로콜리를 넣어 굽고,

TIP 기호에 따라 레몬을 같이 넣어 볶아도 비린맛 제거에 좋아요.

7 그릇에 가자미와 브로콜리를 담고 소스와 파슬리가루를 뿌려 마무리.

볶음라면

by. 방영아 선생님 (2013년 8월 7일 방영)

맛과 건강까지 살린 볶음라면을 만들어보세요.
양파, 피망, 당근 등 집에 남는 자투리 채소를 더하고요,
라면 스프 대신 양념장을 직접 만들어 넣었어요.
아삭한 숙주까지 더하니 식감이 한 단계 업그레이드되네요.

☆☆☆☆☆

라면의 대변신, 파스타도 부럽지 않을 맛이었어요. 채소를 많이 넣을수록 좋더라고요. (ID : ram1***)

☆☆☆☆☆

늘 파스타가 최고라던 친구들도 볶음라면 한번 만들어주면 조용해지더라고요. 누가 라면을 무시했던가. 간편하게 만들고 맛도 좋은 볶음라면! 이젠 주말마다 해먹네요. (ID : nno2***)

READY | 4인분

필수 재료
양파(1개), 당근(50g), 청피망(1개), 햄(70g), 라면사리(2개), 물($\frac{1}{2}$컵)

선택 재료
숙주(50g)

양념장
물($\frac{1}{2}$컵), 간장(2큰술), 맛술(2큰술), 굴소스(1큰술), 물엿(1큰술), 후춧가루(약간), 참기름(1작은술)

양념
전분물(약간)

RECIPE

1 양파와 당근, 청피망은 채 썰고, 햄은 뜨거운 물에 살짝 데친 뒤 물기를 빼 채 썰고,

2 끓는 물에 라면사리를 넣어 2분 30초 정도 삶아 건진 뒤 찬물에 헹구고,

3 **양념장**을 만들고,

4 중간 불로 달군 팬에 식용유(약간)를 둘러 채 썬 양파와 당근을 넣어 양파가 투명해지면 햄을 넣어 고루 볶고,

5 삶은 라면, 양념장을 넣어 골고루 섞은 뒤 숙주, 채 썬 청피망을 넣어 가볍게 볶고,

TIP 양념장은 간을 조절하며 조금씩 넣어요.

6 전분물을 넣고 골고루 버무려 걸쭉해지면 그릇에 담아 마무리.

낙지젓갈볶음밥

by. 안세경 선생님 (2016년 12월 26일 방영)

냉장고에 한두 개쯤은 꼭 쟁여둔 젓갈 있으시죠?
밥만 준비해 초간단 볶음밥을 만들어보세요.
기름을 넉넉히 둘러 볶아 낙지의 비릿함은 날리고
밥알의 꼬들함은 완벽하게 살렸어요.
달걀프라이와 함께 곁들이면 칼칼한 뒷맛을
살포시 잠재운답니다.

☆☆☆☆☆

퇴근길에 낙지만 하나 사오면 영양만점 볶음밥 완성! 냉장고에 있던 젓갈도 한꺼번에 정리됐어요. 고소하고 짭짤한 맛에 밥 두 공기도 넘게 먹었네요. (ID : nqak***)

☆☆☆☆☆

쫄깃한 낙지와 젓갈로 비린내도 잡고 식감은 살아나네요. 간단하면서 쉽고 맛있는 한끼로 최고였어요. 맨 위에 김과 달걀프라이 얹는 건 필수! (ID : wmw9***)

READY | 3인분

필수 재료
청양고추($\frac{1}{2}$개), 숙주(1줌), 낙지젓갈(100g), 밥(2공기), 달걀(2개)

선택 재료
김가루(약간)

양념
참기름(1큰술), 다진 파(2큰술), 후춧가루(약간), 간장($\frac{1}{3}$큰술)

RECIPE

1 청양고추는 송송 썰고, 숙주는 깨끗이 씻어 체에 밭쳐 물기를 빼고,

TIP 낙지젓갈을 먼저 볶은 뒤 밥을 넣어야 비린내가 나지 않아요.

2 중간 불로 달군 팬에 식용유를 둘러 낙지젓갈, 참기름(1큰술), 다진 파(1큰술), 밥을 넣어 볶다가 약한 불로 줄이고,

3 후춧가루(약간), 간장($\frac{1}{3}$큰술)을 넣어 고루 섞은 뒤 송송 썬 청양고추, 숙주, 참기름($\frac{1}{2}$큰술)을 넣어 볶고,

TIP 달걀 위까지 고루 익도록 뚜껑을 덮고 익혀주세요.

TIP 달걀을 센 불로 익히면 기포가 생기니 중약 불에서 은근히 익혀주세요.

4 중약 불로 달군 팬에 식용유(약간)를 둘러 달걀프라이를 하고,

5 그릇에 밥을 담고 달걀프라이를 얹은 뒤 다진 파(1큰술), 김가루(약간)를 뿌려 마무리.

달콤한 스테디셀러 간식 맛탕, 사실 만들기도 간단하대요.
고구마를 튀겨 설탕에 버무리면 끝!
맛탕에는 수분이 적고 단단한 밤고구마를 사용해야
쉽게 무르지 않고 바삭하게 튀겨져 맛있어요.

달콤맛탕

by. 안세경 선생님 (2013년 1월 8일 방영)

☆☆☆☆☆

달콤맛탕 하는 날이면 아이들이 웬일로 식탁에 얌전히 앉아 있어요. 사탕보다 더 맛있대요. (ID : dkga***)

☆☆☆☆☆

만들기도 쉬운 맛탕. 한번 만들어두니 오래 보관할 수 있어서 더욱 좋네요. 반찬처럼 먹기도 하고 달달한 게 술안주로 먹기도 좋았어요. (ID : mcm2***)

READY | 2인분

필수 재료
고구마(2개)

시럽
설탕(4큰술), 식용유(1큰술)

양념
검은깨(약간)

RECIPE

TIP 고구마와 기름을 함께 넣고 서서히 익히면 겉과 속이 골고루 익어요.

1 껍질을 벗긴 고구마는 끝부분을 제거한 뒤 같은 크기로 썰고,

2 중간 불로 달군 팬에 고구마가 잠길 정도의 식용유를 부은 뒤 고구마를 넣어 중간 중간 저어가며 10분 정도 익혀 건지고,

3 노릇하게 익은 고구마는 체에 밭쳐 기름기를 빼고,

4 약한 불로 달군 팬에 설탕(4큰술)을 넣어 녹으면 식용유(1큰술)를 섞어 시럽을 만들고,

5 시럽에 튀긴 고구마를 넣어 재빠르게 버무린 뒤 찬물에 살짝 담갔다 건지고,

6 그릇에 담고 검은깨를 뿌려 마무리.

찹스테이크

by. 안세경 선생님 (2014년 12월 22일 방영)

분명 스테이크인데 만들기는 훨씬 더 간단해요.
알록달록한 채소들을 부드러운 육질의 고기와 함께 볶아
편식 심한 아이들도 얼마나 잘 먹는지 몰라요.
고기는 한입 크기의 큐브형으로 썰어
각종 채소와 함께 편하게 드세요.

RECIPE

1 양파, 파프리카, 당근, 피망, 파인애플은 한입 크기로 네모나게 썰고,

2 양송이버섯은 4등분하고, 마늘은 편으로 썰고, 소고기는 2cm 크기로 깍둑 썬 뒤 소금, 후춧가루로 간하고,

3 **소스**를 만들고,

4 센 불로 달군 팬에 올리브유(약간)를 둘러 소고기 겉만 익힌 뒤 레드와인(2큰술)을 넣고 조려 꺼내고,

TIP 소고기는 겉면만 살짝 익혀야 육즙이 빠지지 않아요.

TIP 레드와인을 넣으면 고기 잡내를 깔끔하게 제거할 수 있어요.

5 같은 팬에 올리브유(1큰술)를 둘러 양송이버섯, 당근을 볶다가 소금(약간)으로 간하고,

READY | 3인분

필수 재료
양파(80g), 파프리카(빨강, 노랑 각 $\frac{1}{4}$개), 파인애플(50g), 양송이버섯(4개), 마늘(3쪽), 소고기(채끝살 200g)

선택 재료
당근(30g), 피망($\frac{1}{4}$개), 태국고추(3개)

양념
소금(약간), 후춧가루(약간), 레드와인(2큰술), 버터(약간)

소스
씨겨자(1작은술), 우스터소스(2큰술), 간장(1작은술), 소금($\frac{1}{2}$작은술), 설탕(1작은술)

6 양파, 파프리카, 피망, 파인애플을 넣어 볶고,

7 편 썬 마늘, 태국고추를 넣어 볶다가 채소가 반 정도 익으면 구운 소고기를 넣어 살짝 볶고,

TIP 센 불로 볶아야 고기의 육즙이 빠지지 않아요.

8 소스, 버터(약간)를 넣어 저어가며 볶다가 소고기, 채소는 건져 그릇에 담고 남은 소스는 걸쭉하게 졸인 뒤 뿌려 마무리.

마파두부밥

by. 여경래 선생님 (2017년 5월 8일 방영)

매콤 짭조름한 두반장 하나만 준비하세요.
돼지고기 볶고 양파, 대파 넣어서 휘휘 저으면 완성!
마파두부의 핵심인 부드러운 연두부와
담백한 고기를 숟가락에 듬뿍 얹어 먹어요.
간이 세지 않아 먹기 더 좋아요.

☆☆☆☆☆

매콤함이 살짝 올라오고 부드러운 식감이 아주 좋았어요. 완두콩을 넣으니 식감도 살아나네요. (ID : dkga***)

☆☆☆☆☆

두반장 소스가 입맛에 잘 안 맞았어요. 마파두부밥을 만들 때 사용해보니 이제 두반장 소스도 맛있게 느껴지네요. 밥에 마파두부 얹고 비벼먹으면 한끼가 뚝딱이에요. (ID : oo2t***)

TIP 연두부를 사용하면 더 부드러운 마파두부를 만들 수 있어요.

TIP 소고기 대신 돼지고기를 사용해도 좋아요.

READY | 2인분

필수 재료
연두부(1모), 다진 소고기(80g), 밥(2공기)

선택 재료
완두콩(10g)

향신채
다진 파(3큰술), 다진 마늘(3큰술), 다진 생강(약간)

양념
고추기름(3큰술), 두반장(1작은술), 설탕(1작은술), 굴소스(1작은술), 후춧가루(약간), 참기름(1큰술)

전분물
전분(2큰술), 물(2큰술)

RECIPE

1 연두부는 깍둑 썰어 끓는 물(3컵)에 넣어 끓어오르면 건져 체에 밭쳐 물기를 빼고,

2 센 불로 달군 팬에 고추기름(3큰술)을 둘러 다진 소고기를 넣어 색이 변할 때까지 볶고,

TIP 고추기름에 볶으면 매콤한 맛이 살아나요.

3 **향신채**와 완두콩, 두반장(1작은술)을 넣어 볶고,

TIP 소고기를 두반장, 향신채와 함께 볶아 주면 누린내가 제거되고 감칠맛이 살아요.

4 물($1\frac{1}{2}$컵)을 부은 뒤 설탕(1작은술), 굴소스(1작은술), 후춧가루(약간)를 넣어 끓어오르면 연두부를 넣어 2분 정도 조리고,

TIP 굴소스를 넣으면 감칠맛이 살아요.

TIP 끓고 있을 때 연두부를 넣으면 으깨지지 않아요.

5 **전분물**을 넣어 고루 섞은 뒤 참기름(1큰술)을 두르고,

6 밥에 마파두부 소스를 곁들여 마무리.

짜춘권

by. 여경래 선생님 (2018년 6월 27일 방영)

짜춘권은 달걀지단에 소를 넣고 돌돌 말아 구운 요리예요.
만두를 일일이 빚지 않아도 되어 은근히 편해요.
달걀물에 전분을 풀어 넣으면 쉽게 찢어지지 않는답니다.
새콤한 겨자소스를 곁들여 알싸하게 뒷맛을 잡아주세요.

READY | 2~3인분

필수 재료
달걀(2개), 닭가슴살(80g), 양파(100g), 당근(30g), 데친 표고버섯(30g), 알새우(80g)

선택 재료
죽순(30g), 청피망(40g)

양념
전분물(3$\frac{1}{2}$큰술), 소금(약간), 밀가루(150g), 간장(2작은술), 굴소스(1큰술), 치킨스톡 파우더($\frac{1}{4}$작은술), 후춧가루(약간), 참기름(1큰술)

겨자소스
간장(1큰술), 연겨자(2큰술), 설탕(3큰술), 소금(약간), 식초(8큰술), 참기름(1큰술)

RECIPE

TIP 전분과 물을 1 : 3 비율로 섞어주면 적당해요.

TIP 전분물을 넣으면 지단 모양이 잘 잡히고 쉽게 찢어지지 않아요.

1 달걀에 전분물(3$\frac{1}{2}$큰술), 소금(약간)을 고루 풀어 달걀물을 만들고,

2 닭가슴살, 양파, 당근, 데친 표고버섯, 죽순, 청피망은 채 썰고, 알새우는 찬물에 헹구고,

3 밀가루에 물($\frac{3}{4}$컵)을 섞어 밀가루풀을 만들고, **겨자소스**를 만들고,

TIP 청피망 대신 부추를 넣어도 좋아요.

TIP 달걀물은 전분이 가라앉을 수 있으니 한 번 더 섞어주는 게 좋아요.

4 중간 불로 달군 팬에 식용유(1)를 둘러 채 썬 닭가슴살, 간장(2작은술)을 넣어 볶은 뒤 죽순, 표고버섯, 양파, 당근, 청피망, 알새우를 넣어 볶고,

5 굴소스(1큰술), 치킨스톡 파우더($\frac{1}{4}$작은술), 후춧가루(약간), 참기름(1큰술)을 넣어 고루 볶은 뒤 그릇에 담아 한 김 식히고,

6 약한 불로 줄여 같은 팬에 달걀물을 넓게 펼쳐 부어 살짝 익힌 뒤 가장자리에 밀가루 풀을 발라 볶은 재료를 올려 돌돌 말고,

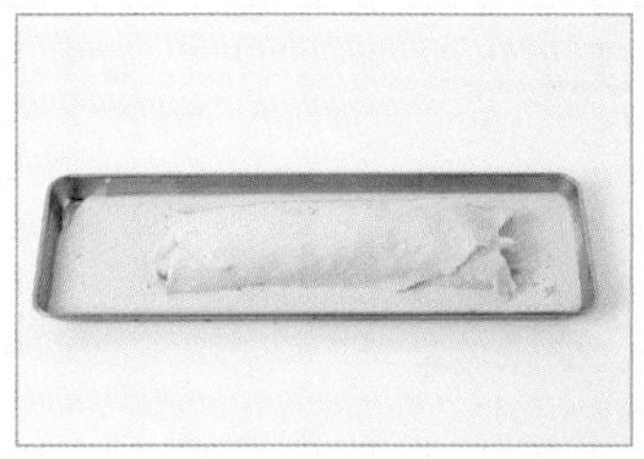

7 남은 밀가루풀에 달걀(1개)를 푼 뒤 돌돌 만 지단에 옷을 입히고,

8 중간 불로 달군 팬에 식용유를 넉넉히 둘러 부침옷을 입힌 지단을 노릇하게 굽고,

9 키친타월에 받쳐 기름기를 빼고 먹기 좋게 썬 뒤 겨자소스를 곁들여 마무리.

닭온반 by. 윤숙자 선생님 (2017년 12월 20일 방영)

조금은 생소한 요리인 닭온반은 따뜻한 밥에
닭고기와 육수를 곁들이는 함경도 지방의 별미 음식이에요.
닭을 푹 고아 낸 육수와 살을 더해 맛도 영양도 두 배로 챙겼답니다.
삼계탕과는 달리 슴슴하고 느끼함 없이 담백하고요.
밥까지 더해 든든함은 이루 말할 것도 없네요.

RECIPE

READY | 2인분

필수 재료
닭($\frac{1}{2}$마리), 애호박(1개), 당근($\frac{1}{2}$개), 불린 표고버섯(6개), 밥(1공기)

닭육수 재료
대파(1대), 마늘(5쪽), 생강(1톨)

밑간
소금($\frac{1}{2}$작은술), 다진 풋고추(1큰술), 다진 홍고추(1작은술), 참기름(1작은술)

양념
소금(1작은술+약간), 참기름(1작은술), 후춧가루(약간)

양념장
후춧가루(약간), 국간장(2큰술), 다진 파($\frac{1}{2}$큰술), 다진 마늘(1작은술), 깨소금(2작은술), 참기름(1큰술)

TIP 닭을 10분 정도 삶은 뒤 향채소를 넣어야 잡내가 말끔히 제거돼요.

1 냄비에 닭, 물(5컵)을 넣어 10분 정도 삶은 뒤 **닭육수 재료**를 넣어 끓어오르면 중간 불에서 20분간 더 삶고,

TIP 껍질을 제거하고 살만 발라내요.

2 삶은 닭은 건져 한 김 식힌 뒤 살만 발라 먹기 좋게 찢어 **밑간**해 버무리고,

3 애호박은 3등분한 뒤 돌려 깎아 채 썰고, 당근은 채 썰고, 불린 표고버섯은 저며 썬 뒤 채 썰고,

TIP 절인 채소는 면포로 살짝 눌러 물기를 제거해야 물러지지 않아요.

4 애호박과 당근에 소금(약간)을 뿌려 5분 정도 절인 뒤 면포로 물기를 제거하고, 불린 표고버섯은 소금(약간), 참기름(1작은술)을 넣어 버무리고,

TIP 애호박은 재빨리 볶아야 푸른색이 더 선명해져요.

5 중간 불로 달군 팬에 식용유(1큰술)를 둘러 애호박, 표고버섯, 당근을 넣어 살짝 볶고,

6 닭육수는 식힌 뒤 면포에 걸러 한소끔 끓인 뒤 소금(1작은술), 후춧가루(약간)를 넣어 간하고,

TIP 닭 육수는 한 김 식혀요. 기름을 걸러주면 국물이 훨씬 맑고 담백해요.

7 **양념장**을 만들고,

TIP 매콤한 맛을 원할 땐 고춧가루나 다진 청양고추를 넣어주세요.

8 그릇에 밥, 볶은 채소, 양념한 닭고기를 얹은 뒤 육수($\frac{1}{2}$컵)를 붓고 양념장을 곁들여 마무리.

생강효소

by. 윤숙자 선생님 (2015년 1월 6일 방영)

생강의 향이 그윽하게 퍼지며
혀끝에 감도는 매운맛과 달달함이 조화롭게 어우러진 효소랍니다.
생강을 듬뿍 넣어 만들어 두었다가 다양한 요리에 두루두루 활용하거나
추운 겨울 한 스푼 곁들여 따뜻한 차로 마셔도 좋아요.

☆☆☆☆☆

시중에 파는 생강식품은 너무 달았는데 제가 조절할 수 있어 좋았어요. 효소로 만들어두니 앞으로 감기걱정도 없고 여러 요리에 쓸 수 있을 것 같아요. (ID : sakg***)

☆☆☆☆☆

이제 우리 가족 환절기 감기 걱정은 끝이에요. 생강효소를 듬뿍 만들었거든요. 매운 생강 맛에 먹기 어려워하는 아이들에겐 꿀 몇스푼 타서 생강차로 만드니 곧잘 마시더라고요~ (ID : pwll***)

READY | 3~4인분

필수 재료

생강(2.5kg)

양념

설탕(2.25kg), 굵은 소금($\frac{3}{4}$큰술)

TIP 백설탕을 쓰면 맑은 색을 낼 수 있어요.

RECIPE

TIP 얇게 썰면 영양 성분이 잘 빠져나와요.

1 생강은 깨끗이 씻어 껍질째 얇게 편으로 썰고,

TIP 재료의 수분 함량에 따라 설탕 양을 조절하세요.

2 편으로 썬 생강에 설탕(2kg)을 부어 골고루 버무려 섞고,

TIP 유리병은 뜨거운 물로 깨끗이 씻어 소독해요.

3 열탕 소독한 유리병에 설탕과 버무린 생강을 병의 $\frac{2}{3}$정도까지 담고,

4 윗부분은 설탕(0.25kg)으로 덮은 뒤 소금($\frac{3}{4}$큰술)을 뿌리고,

TIP 22~24℃의 온도에서 4~5개월 정도 가스가 생기지 않을 때까지 숙성해요.

5 2~3일에 한 번씩 설탕이 녹을 때까지 골고루 저어 마무리.

간장비빔국수

by. 윤혜신 선생님 (2015년 4월 2일 방영)

밥보다 면이 더 당기는 날에 갖은 고명을 올려 정성스레 만들어보세요.
고기와 버섯, 채소를 담아 영양소까지 골고루 챙겼답니다.
쫄깃한 면발과 다시마튀각의 달달함한 어우러짐에
젓가락질이 멈추질 않네요.
밥 안 먹는 편식쟁이 아이들도 군말 않고 잘 먹어요.

RECIPE

1 오이는 돌려 깎아 채 썰고,
당근은 얇게 채 썰고,
불린 표고버섯과 소고기도 채 썰고,
영양부추는 한입 크기로 썰고,

2 채 썬 표고버섯, 소고기에
버섯 · 소고기 양념을 넣어 버무리고,

READY | 4인분

필수 재료
오이(1개), 당근($\frac{1}{2}$개), 불린 표고버섯(10개), 소고기(우둔살 100g), 소면(500g)

선택 재료
영양부추(30g), 다시마튀각(적당량)

버섯 · 소고기 양념
간장(2$\frac{1}{2}$큰술), 설탕(1큰술), 소금(약간), 참기름(1작은술), 깨소금(적당량)

양념
소금(약간)

양념장
간장(2큰술), 설탕(2작은술), 참기름(1큰술), 깨소금(1큰술)

3 다시마튀각은 비닐봉지에 넣어 굵게 부수고,

4 중간 불로 달군 팬에 식용유($\frac{1}{2}$큰술)를 둘러 채 썬 오이, 소금(약간)을 넣어 살짝 볶아 덜어두고,

5 같은 팬에 채 썬 당근, 소금(약간)을 넣어 살짝 볶아 덜고, 밑간한 소고기와 표고버섯도 볶고,

6 **양념장**을 만들고,

7 끓는 물에 소면을 넣어 끓어오르면 찬물($\frac{1}{2}$컵)을 넣은 뒤 다시 끓으면 찬물($\frac{1}{2}$컵)을 한 번 더 부어 끓이고,

8 면을 건져 찬물에 바락바락 헹군 뒤 물기를 빼고 볶은 재료, 부순 다시마튀각, 양념장을 넣어 고루 버무리고 영양부추를 올려 마무리.

도토리묵구이

by. 윤혜신 선생님 (2013년 11월 26일 방영)

겉은 쫀득쫀득, 속은 보들보들한
반전 매력이 넘치는 요리예요.
굽기만 하면 되니 무침보다 만들기가
훨씬 수월함은 말할 것도 없고요.
쌉싸름하고 향긋한 미나리와의 절묘한 조화가 [illegible]
달달한 알밤 막걸리와 곁들이기 좋은 최고의 안주예요.

☆☆☆☆☆

매번 도토리묵을 무치기만 했었는데 구워보니 신세계네요. 도토리떡 같았어요! (ID : eoom***)

READY | 4인분

필수 재료

도토리묵가루(1컵), 미나리(100g)

양념

소금(1작은술), 국간장(1작은술), 들기름(2작은술)

RECIPE

TIP 도토리묵가루와 물은 1 : 5 비율이 적당해요.

TIP 도토리묵가루를 불리면 쫀득해지면서 찰기가 생겨서 훨씬 탱글탱글한 묵이 만들어져요.

1 물(5컵)에 도토리묵가루(1컵), 소금(1작은술)을 넣어 고루 갠 뒤 하룻밤 정도 불리고,

2 냄비에 불린 도토리묵가루를 부은 뒤 중간 불에서 끓어오르면 약한 불로 낮춰 5분 정도 뜸들이고,

3 틀에 도토리묵을 담아 한 김 식혀 찬물을 부은 뒤 실온에서 한나절 정도 두어 굳히고,

4 도토리묵을 한입 크기로 썰어 채반에 고루 펼쳐 바람이 잘 통하는 곳에서 2~3일 정도 말리고,

5 미나리는 4cm 길이로 썰어 국간장(1작은술), 들기름(2작은술)을 넣은 뒤 고루 버무리고,

6 중간 불로 달군 팬에 들기름(약간)을 둘러 말린 도토리묵을 앞뒤로 살짝 구워 꺼내고,

TIP 도토리묵을 구우면 떡처럼 쫀득쫀득해져서 남녀노소 입맛에 잘 맞아요.

7 그릇에 구운 도토리묵을 담고 미나리 무침을 곁들여 마무리.

통밀수제비

by. 윤혜신 선생님 (2018년 7월 5일 방영)

후루룩 먹기 좋은 통밀수제비 어떠세요?
통밀로 만들어 일반 밀가루보다 훨씬 영양소도 많죠.
멸치와 다시마를 우려 깊은 맛을 낸 국물에
애호박 한 점 올려 먹으면 막힌 속이 확 풀려요.

☆☆☆☆☆

통밀과 들기름, 통들깨가 들어가니 고소하고 구수함의 끝판왕이에요! 식감은 어찌나 쫀득쫀득한지! (ID : tmlo***)

READY | 4인분

필수 재료
통밀가루(2컵), 대파(2대), 애호박(120g)

육수 재료
국물용 멸치(10마리), 다시마(1장=5×7cm), 소금(약간), 국간장(1큰술)

양념
들기름(1큰술), 통들깨(3큰술), 국간장(1큰술), 소금(약간)

RECIPE

1 멸치는 머리, 내장을 제거해 약한 불로 달군 냄비에 살짝 볶은 뒤 불을 끄고,

2 냄비에 물(1ℓ), 다시마를 넣어 10분 정도 우린 뒤 불을 켜 끓어오르면 다시마를 건져 15분 정도 더 끓이고,

3 통밀가루에 **양념**을 넣은 뒤 물(1컵)을 조금씩 섞어가며 고루 치대 반죽을 만들고,

TIP 통밀가루 반죽은 끈기가 부족하기 때문에 골고루 치대줘야 식감이 쫀득해져요.

TIP 반죽을 만들 때 들기름, 통들깨를 넣어주면 구수하고 고소한 맛이 잘 살아나요.

4 반죽은 비닐봉지에 넣어 밀봉한 뒤 3시간 정도 냉장 숙성시키고,

5 애호박은 반 갈라 반달모양으로 썰고, 대파는 길쭉하게 반으로 갈라 어슷 썰고,

TIP 아삭한 풋고추를 어슷 썰어 넣어도 좋아요.

6 끓는 멸치육수에 숙성한 반죽을 얇게 떼어 넣어 익히고,

7 국간장(1큰술), 소금(약간), 애호박, 대파를 넣어 한소끔 끓이고 그릇에 담아 마무리.

TIP 반죽이 국물 위로 떠오르면 거의 다 익은 거예요.

TIP 매운맛을 원한다면 청양고추를 넣어도 좋아요.

오징어채전

by. 이순옥 선생님 (2013년 10월 15일 방영)

겉은 쫀득쫀득, 속은 보들보들한
반전 매력이 넘치는 요리예요.
굽기만 하면 되니 묵무침보다 만들기가
훨씬 수월함은 말할 것도 없고요.
쌉싸름하고 향긋한 미나리와의 절묘한 조화가 최고.
달달한 알밤 막걸리와 곁들이기 좋은 최고의 안주네요.

☆☆☆☆☆

쫄깃쫄깃한 오징어채를 전으로 만드니 식감이 최고예요. 막걸리 안주로도 딱이였어요! (ID : suno***)

READY | 4인분

필수 재료
오징어채(100g), 양파(¼개), 당근(¼개), 깻잎(3장),

선택 재료
불린 표고버섯(2장)

반죽 재료
달걀(2개), 물(3큰술), 밀가루(3큰술), 튀김가루(1큰술), 간장(1작은술), 다진 마늘(1작은술), 통들깨(1작은술), 참기름(½큰술), 소금(약간)

초간장
간장(3큰술), 식초(1큰술), 물(1큰술), 설탕(1큰술)

RECIPE

1 오징어채는 물에 살짝 헹군 뒤 찜기에 넣어 5~10분 정도 찌고,

TIP 냉장고 속 자투리 채소를 이용해도 좋아요.

2 양파와 당근, 불린 표고버섯은 굵게 다지고, 깻잎은 가늘게 채 썰고, 쪄낸 오징어채는 잘게 썰고,

3 달걀을 고루 풀어 나머지 **반죽 재료**와 고루 섞고,

4 반죽에 손질한 재료를 골고루 버무리고,

5 중간 불로 달군 팬에 식용유(2큰술)를 둘러 반죽을 한입 크기로 얹고,

TIP 전을 지질 땐 팬의 가장자리부터 얹어야 골고루 익어요.

6 오징어채전을 뒤집어 앞뒤로 노릇하게 지지고,

7 오징어채전을 그릇에 담고 **초간장**을 곁들여 마무리.

불고기케밥

by. 이순옥 선생님 (2017년 6월 15일 방영)

한손에 들고 든든하게 먹기 좋은 메뉴를 소개할게요.
담백한 토르티야 안에 우리 입맛에 딱 맞는 불고기를 푸짐하게 넣어 든든함을 채웠어요.
쫄깃한 새송이버섯과 각종 채소들도 함께 채워 살짝 물릴 수 있는 입맛도 깔끔하게 책임져요.

READY | 4인분

필수 재료
새송이버섯(20g), 양상추(90g), 양파(70g), 토마토(140g), 토르티야(4장), 소고기(불고기용 200g),

밑간
간장(1½큰술), 배즙(1½큰술), 설탕(1큰술), 후춧가루(약간), 깨소금(1작은술), 다진 마늘(1작은술), 참기름(1작은술)

소스
마요네즈(2큰술), 머스터드(1½큰술), 다진 오이피클(3큰술)

양념
소금(약간), 후춧가루(약간)

RECIPE

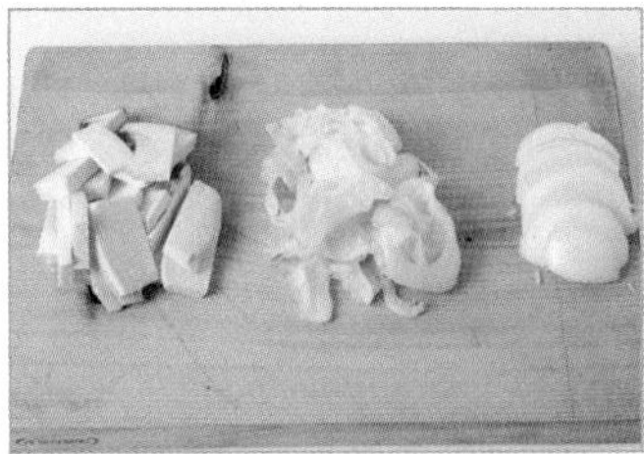

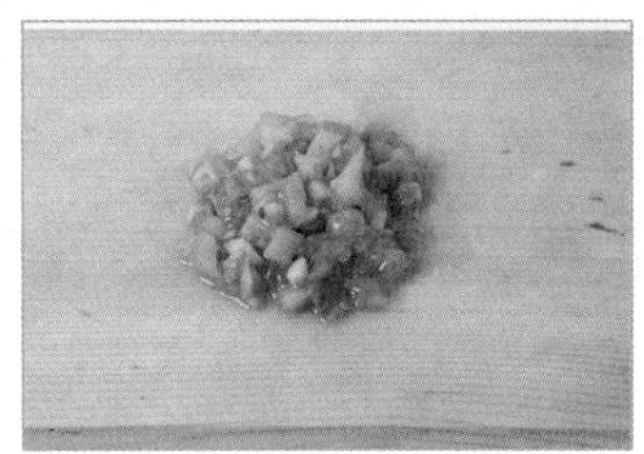

1 새송이버섯은 4등분해 모양대로 얇게 썰고, 양상추는 낱장씩 뜯어 씻어 헹구고, 양파는 굵게 채 썰고,

2 토마토는 윗부분에 열십자로 칼집을 낸 뒤 약한 불로 달군 팬에 굴려가며 굽고,

3 구운 토마토는 껍질을 벗긴 뒤 모양대로 썰고,

TIP 참기름은 나중에 섞어야 양념이 소고기에 고루 스며들어요.

4 한입 크기로 썬 소고기와 새송이버섯은 참기름을 제외한 **밑간**에 버무린 뒤 참기름(1작은술)을 넣어 15분 정도 재우고,

5 **소스**를 만들고,

6 약한 불로 달군 팬에 토르티야를 올려 앞뒤로 노릇하게 굽고,

TIP 토르티야를 말기 쉽도록 속재료는 적당히 넣어주세요.

7 중간 불로 달군 팬에 식용유(1큰술)를 둘러 양파를 볶다가 투명해지면 **양념**한 뒤 한 김 식히고,

8 같은 팬에 식용유(약간)을 둘러 센 불에서 소고기, 새송이버섯을 고루 풀어가며 볶아 한김 식히고,

9 구운 토르티야를 유산지 위에 올려 소스를 바른 뒤 양상추→토마토→볶은 양파→볶은 소고기와 새송이버섯을 고루 얹고,

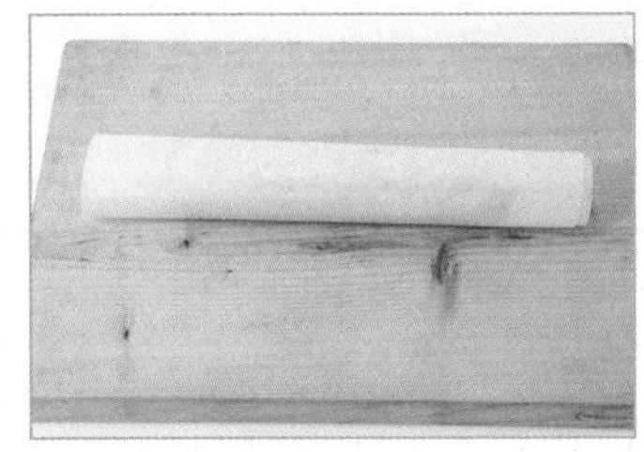
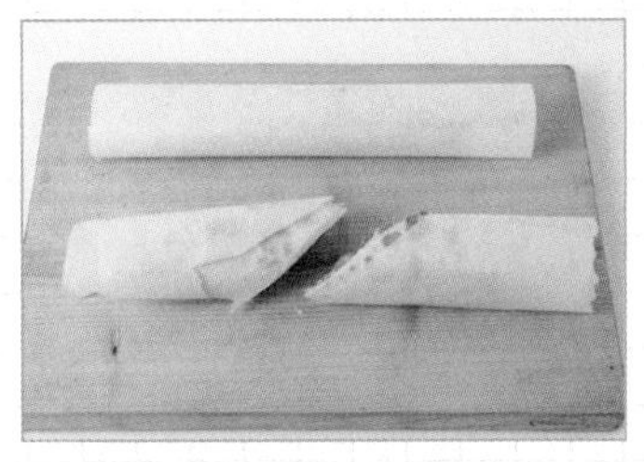

10 토르티야를 돌돌 말아 유산지로 꼭꼭 감싸고,

11 먹기 좋게 썰어 그릇에 담아 마무리.

우유빙수

by. 이순옥 선생님 (2017년 6월 16일 방영)

무더위가 찾아오는 한여름에는 빙수가 진리죠.
달콤하고 진한 맛이 일품인 우유빙수를 만들어보세요.
우유에 연유와 생크림을 더해 얼려 놓았다가
밀대로 살짝 부숴 우유얼음을 만들고,
좋아하는 고명 살짝 얹으면 끝!
입에서 살살 녹는 맛에 속까지 시원해져요.

☆☆☆☆☆

아이들과 같이 만들 만큼 쉽고 너무 맛있었어요. 쑥 인절미가 들어가니 쫄깃쫄깃 최고예요. (ID : lmmw***)

READY | 4인분

필수 재료
우유($1\frac{1}{4}$컵), 생크림($\frac{1}{4}$컵), 연유($1\frac{2}{3}$큰술)

통팥조림 재료
불린 팥(100g), 설탕(3큰술)

토핑
쑥 인절미(50g), 아몬드 슬라이스(1큰술), 캐슈너트(1큰술), 미숫가루(2큰술), 젤리(약간), 스프링클(약간), 연유(2큰술)

RECIPE

TIP 공기를 충분히 뺀 뒤 지퍼를 잠가야 우유가 부풀지 않고 고루 얼어요.

TIP 우유와 생크림을 5:1 비율로 섞으면 부드러운 식감을 살릴 수 있어요.

TIP 생크림이 없을 땐 동량의 우유를 추가해 섞어주면 돼요.

1 우유, 생크림, 연유를 고루 섞어 지퍼백에 넣고 준비한 지퍼백을 그릇에 납작하게 올린 뒤 냉동실에서 4시간 이상 얼리고,

TIP 1차로 삶은 물은 쓴맛이 나니 버리고 물을 다시 부어 삶아요.

TIP 아몬드, 캐슈너트, 해바라기씨, 땅콩 등으로 대체해도 좋아요.

2 불린 팥에 물(10컵)을 부어 끓어오르면 물을 버린 뒤 팥이 잠길 정도로 물을 부어 팥이 익을 때까지 푹 삶고,

3 중간 불로 달군 팬에 삶은 통팥, 설탕(3큰술)을 넣어 고루 저어가며 5분 정도 조린 뒤 불을 꺼 한 김 식혀 두고,

4 쑥 인절미는 잘게 썰고, 아몬드 슬라이스, 캐슈너트는 마른 팬에 볶은 뒤 굵게 다지고,

5 얼린 우유를 밀대로 살짝 부숴 우유 얼음을 만들고,

6 빙수 그릇에 우유 얼음을 담은 뒤 다진 견과류, 잘게 썬 쑥 인절미를 얹고,

7 통팥조림, 미숫가루(2큰술), 젤리를 올리고 스프링클과 연유(2큰술)를 뿌려 마무리.

돼지고기콩나물찜

by. 이재훈 선생님 (2017년 12월 26일 방영)

아삭한 콩나물에 적당히 맵고 단 양념을 둘렀어요.
목살은 숭덩숭덩 도톰하게 썰어 씹는 맛을 제대로 더했답니다.
콩나물과 고기, 양념을 남겨 찬밥 넣고 착착 비벼
볶음밥으로 입가심을 꼭 해주세요.

☆☆☆☆☆

아삭아삭한 콩나물과 청양고추가 올라가니 밥도둑이 따로 없네요. 볶음밥도 잘 어울려요. (ID : ljnn***)

☆☆☆☆☆

돼지고기 콩나물찜 하나면 밥이랑도 잘 어울리고 술안주로도 제격이에요. 칼칼하고 아삭아삭한 돼지고기 콩나물찜 한점이면 이만한 친구가 없다 싶을 정도예요. (ID : dnvu***)

READY | 4인분

필수 재료
돼지고기(목살 150g), 콩나물(90g), 대파(1대)

선택 재료
청양고추(1개), 홍고추(1개)

밑간
간장(1큰술), 맛술(2큰술), 후춧가루(약간), 다진 마늘($\frac{1}{2}$큰술)

양념장
된장(1큰술), 물엿(1큰술), 후춧가루(약간), 다진 생강($\frac{1}{2}$큰술), 설탕(1큰술), 간장(2큰술), 맛술(2큰술), 고춧가루(2큰술), 다진 마늘($1\frac{1}{2}$큰술)

RECIPE

TIP 된장을 넣으면 돼지고기의 잡내가 사라지고 감칠맛이 더해져요.

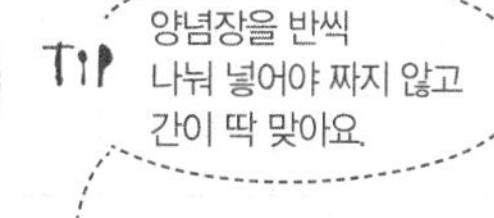

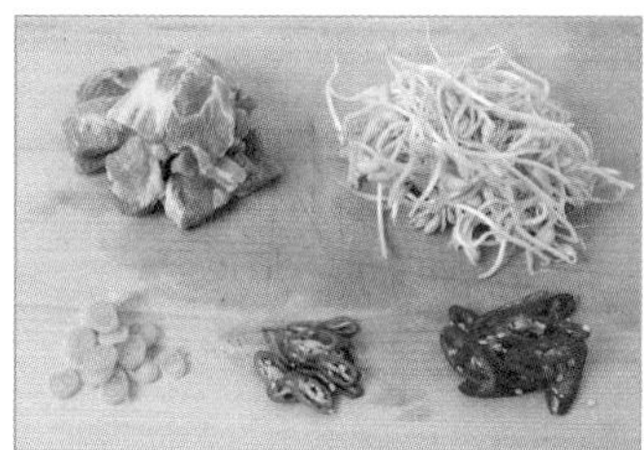

1 돼지고기는 한입 크기로 썰고, 콩나물은 깨끗이 씻어 건지고, 대파는 송송 썰고, 청양고추와 홍고추는 어슷 썰고,

2 **양념장**을 만들고,

3 돼지고기는 **밑간**해 버무린 뒤 양념장($\frac{1}{2}$분량)을 넣어 고루 버무리고,

4 중간 불로 달군 팬에 올리브유(1큰술)를 둘러 양념한 돼지고기를 센 불에 고루 볶고,

5 돼지고기가 반 정도 익으면 물($\frac{1}{3}$컵), 콩나물을 넣어 뚜껑을 덮고 3분 정도 끓이고,

6 콩나물 숨이 죽으면 남은 양념장, 송송 썬 대파, 어슷 썬 청양고추, 홍고추를 넣어 마무리.

바질페스토스파게티

by. 이재훈 선생님 (2017년 12월 29일 방영)

한번 만들어두면 두루두루 사용하기 좋은 바질페스토 소스를 넣어 만든 파스타예요. 바질의 은은한 향긋함과 해산물을 포함한 각종 재료들이 잘 어우러져 정통 이태리식 파스타의 맛을 느낄 수 있어요. 특식이 필요한 날, 꼭 한번 만들어보세요.

RECIPE

TIP 스파게티 면을 엄지와 검지로 감쌌을 때 오백 원짜리 동전 크기 정도면 1인분이에요.

READY | 4인분

필수 재료
스파게티 면(80g), 새우(80g), 관자(60g), 오징어(120g), 마늘(5쪽)

선택 재료
화이트 와인($\frac{1}{4}$컵), 레몬 제스트(약간)

양념
소금(1큰술), 올리브유(2큰술), 파르메산 치즈(15g), 레몬즙(1큰술)

바질페스토
토마토(1개), 아몬드(20g), 바질(5g), 엑스트라 버진 올리브유(1$\frac{2}{3}$큰술), 소금(약간), 후춧가루(약간), 마늘(1쪽)

1 토마토는 꼭지를 제거한 뒤 큼직하게 썰어 나머지 **바질페스토** 재료를 넣어 곱게 갈고,

2 새우, 관자, 오징어는 굵게 다지고, 마늘은 살짝 으깨고,

TIP 면수는 버리지 말고 남겨두세요.

TIP 삶은 스파게티 면에 올리브유를 넣어 버무리면 불거나 서로 달라붙지 않아요.

3 끓는 소금물(물4컵+소금1큰술)에 스파게티를 넣어 4분 정도 삶아 건져 물기를 뺀 뒤 올리브유(1큰술)에 버무리고,

4 센 불로 달군 팬에 올리브유(1큰술)를 둘러 중약 불로 줄인 뒤 으깬 마늘을 넣어 노릇하게 볶고,

5 다시 센 불로 올려 다진 새우, 관자, 오징어를 넣어 재빨리 볶다가 화이트인, 면수($\frac{1}{4}$컵)를 부어 끓이고,

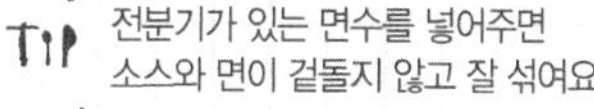

TIP 전분기가 있는 면수를 넣어주면 소스와 면이 겉돌지 않고 잘 섞여요.

6 국물이 끓어오르면 삶은 스파게티, 바질페스토, 소금을 넣어 2분 정도 고루 저어가며 볶고,

7 파르메산치즈를 강판에 갈아 넣어 버무린 뒤 레몬즙(1큰술)을 뿌려 고루 섞고,

8 스파게티를 돌돌 말아 그릇에 담고 파르메산 치즈를 한 번 더 갈아 넣은 뒤 레몬 제스트를 뿌려 마무리.

TIP 스파게티를 집게나 젓가락으로 돌돌 말아 담으면 더 풍성하고 먹음직스러워 보여요.

LA갈비구이

by. 이종임 선생님 (2017년 9월 28일 방영)

보들보들한 갈비살의 비결은 바로 사이다!
사이다에 갈비살을 재우면 한우처럼 식감이 부드러워져요.
과일과 채소즙을 더한 천연 조미료로 재워 은은한 단맛을 살렸답니다.
양념이 바짝 졸아들 때까지 푸짐하게 구워 온 가족이 함께 나눠 드세요.

☆☆☆☆☆

사이다에 재워놓았더니 고기가 살살 녹네요. 온 가족이 한 상 푸짐하게 즐기기에 딱이에요. (ID : leaw***)

READY | 4인분

필수 재료
LA갈비(1.2kg), 사이다(2컵)

양념장
후춧가루($\frac{1}{3}$작은술), 청주($\frac{1}{2}$컵), 간장($\frac{1}{2}$컵), 다진 파(3큰술), 다진 마늘(1큰술), 배즙($\frac{1}{2}$컵), 사과즙($\frac{1}{2}$컵), 양파즙($\frac{1}{2}$컵), 참깨(1큰술)

RECIPE

TIP 고기에 사이다를 부어주면 핏물이 더 빨리 빠지고 육질이 부드러워져요.

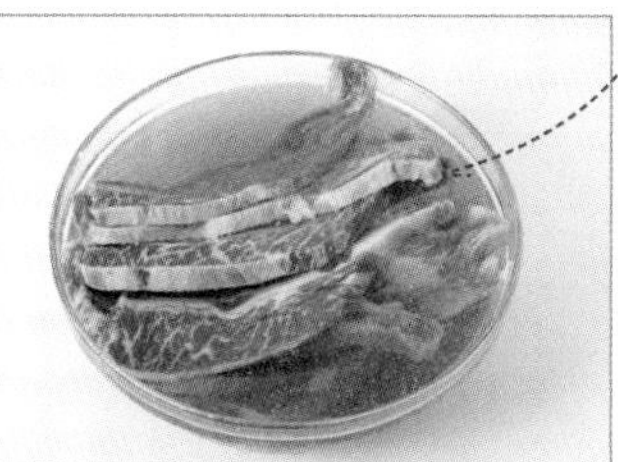

1 LA갈비에 사이다(2컵)를 부은 뒤 40분 정도 담가 핏물을 빼고,

TIP 두툼한 두께의 LA갈비는 칼등으로 두드려주면 더 부드러워져요.

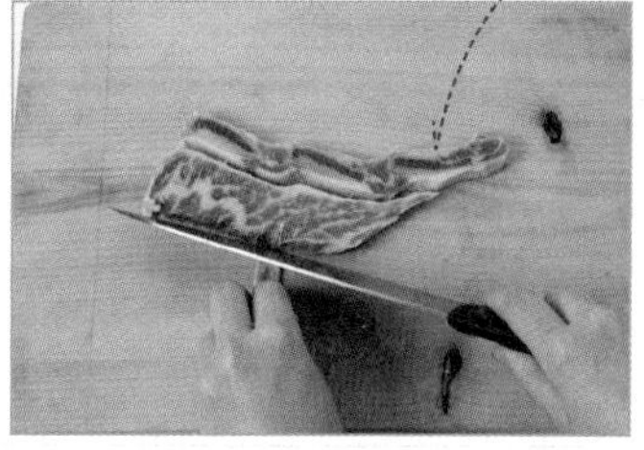

2 LA갈비를 건져 찬물에 서너 번 깨끗하게 씻은 뒤 기름기를 제거하고,

TIP 간장, 청주, 과일즙을 1:1:3 비율로 넣어 양념장을 만들어요.

3 다진 파(3큰술), 다진 마늘(1큰술), 배즙($\frac{1}{2}$컵), 사과즙($\frac{1}{2}$컵), 양파즙($\frac{1}{2}$컵)을 갈아 체에 걸러 나머지 **양념장**과 섞고,

TIP 남은 LA갈비는 소분해 냉동 보관한 뒤 필요할 때마다 해동해도 좋아요.

4 양념에 LA갈비를 넣어 밀폐용기에 담아 냉장고에서 하루 정도 숙성하고,

TIP 매콤하게 무친 파채나 겉절이 또는 어린잎채소를 곁들여도 좋아요.

5 센 불로 달군 팬에 재운 LA갈비를 올려 앞뒤로 노릇하게 구워 마무리.

TIP 고기는 센 불에 구워야 육즙이 빠져나가지 않아요.

라씨는 플레인 요구르트인 다히에 과일을 넣어 만든 인도의 음료인데요.
망고를 꿀과 함께 갈아 요구르트와 층층이 나눠 담으면
달콤 상큼한 맛은 물론 비주얼에도 반한답니다.
견과류를 다져 올려 영양과 식감까지 챙겨보세요.

망고라씨

by. 이종임 선생님 (2018년 4월 12일 방영)

☆☆☆☆☆

상큼한 망고향이 가득한 망고라씨. 요구르트 대신 우유를 넣었는데도 달달함이 코끝을 찌르네요. (ID : jmlv***)

☆☆☆☆☆

망고라씨 한 잔이면 여행지에 온 것만 같은 기분이에요. 망고색이 너무 예쁜데다가 요구르트까지 더하니 달달한 맛이 일품이에요. 손님들에게 한잔씩 대접하기에도 잘 어울렸어요. (ID : lacs***)

READY | 4인분

필수 재료
망고(400g), 꿀(1큰술), 플레인 요구르트(3컵), 아몬드 슬라이스(10g)

선택 재료
굵게다진 땅콩(10g), 굵게 다진 호두(10g), 애플민트(약간)

RECIPE

TIP 꿀을 더 넣어 플레인 요구르트의 신맛을 줄이고 단맛을 더해도 좋아요.

1 큼직하게 썬 망고(380g)에 꿀(1큰술)을 넣어 핸드 믹서로 곱게 갈고,

2 유리컵에 플레인 요구르트와 갈아놓은 망고를 층층이 나눠 담고,

3 아몬드 슬라이스, 굵게 다진 땅콩과 호두를 얹은 뒤 남은 망고(20g), 애플민트를 올려 마무리.

PLUS TIP

망고 손질하기

숟가락으로 껍질은 얇게 과육만 쏙~ 제거하는 알뜰한 망고 손질법 알려드릴게요.

1 망고는 씨를 중심으로 세로로 3등분하고,

2 껍질이 질리지 않게 과육에 길고 얇게 칼집을 내고,

3 손으로 망고를 잡고 숟가락으로 과육만 빼 마무리.

황태해장국

by. 임성근 선생님 (2016년 11월 23일 방영)

한 그릇이면 쓰린 속도 시원하게 달래주는
뽀얀 국물 맛이 일품인 황태해장국이에요.
간이 세지 않고 담백한 맛에 엄지가 척!
한 수저 뜨면 표고버섯의 향이 입안 가득 은은하게 퍼진답니다.
온 몸을 따뜻하게 데워주니 일교차가 큰 봄, 가을에 먹기 좋아요.

☆☆☆☆☆

레시피대로 물을 두 번 나눠서 끓였더니 뽀얀 국물이 짠! 해장용으로 이만한 게 없었어요. 속이 확 풀리네요. (ID : htgt***)

TIP 색이 노랗고 쿰쿰한 냄새가 나지 않는 황태채가 좋아요.

READY | 4인분

필수 재료

황태채(200g), 달걀(2개), 대파($\frac{1}{2}$대), 무($\frac{1}{2}$토막), 불린 표고버섯(1개)

양념

소금(1큰술), 새우젓(1큰술), 다진 마늘(1큰술), 들기름(1큰술)

RECIPE

TIP 황태채는 물에 담가 불리면 냄새도 빠지고 부드러워져요.

1 황태채는 물에 담가 촉촉해질 때까지 불려 물기를 꼭 짜고,

TIP 건표고버섯을 불려 사용하면 감칠맛이 살아요.

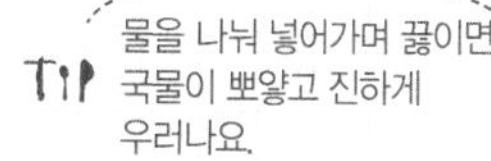

TIP 물을 나눠 넣어가며 끓이면 국물이 뽀얗고 진하게 우러나요.

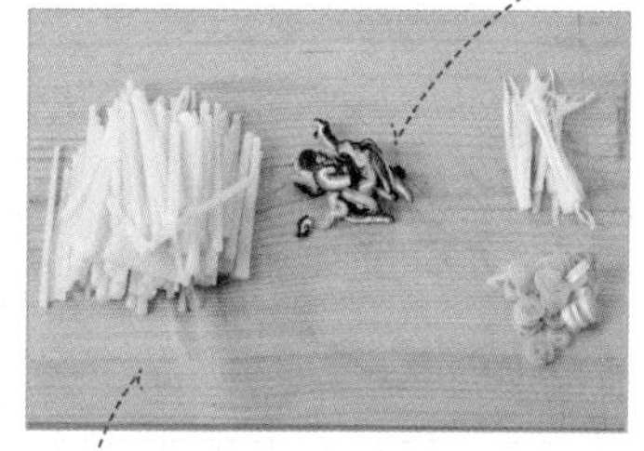

2 무는 채 썰고, 표고버섯은 포를 뜬 뒤 채 썰고, 대파의 절반은 채 썰고 나머지는 송송 썰고,

TIP 무 대신 콩나물을 넣어도 좋아요.

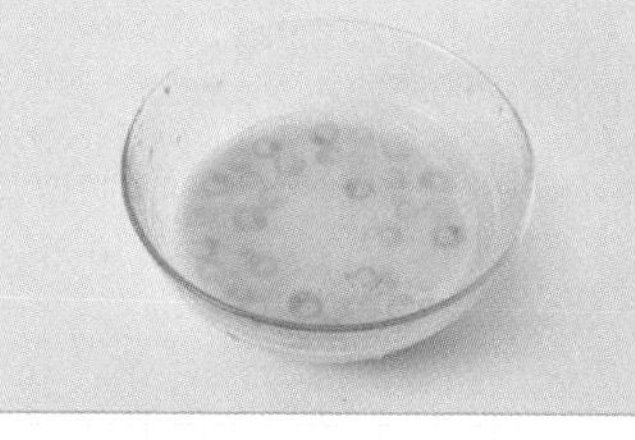

3 달걀을 곱게 푼 뒤 송송 썬 대파를 넣어 고루 섞고,

4 냄비에 불린 황태채와 물(3컵)을 넣어 15분 정도 끓이고,

TIP 달걀은 먹기 직전에 넣어야 고소하고 맛있어요.

5 나머지 물(3컵)을 넣고 10분 정도 더 끓이고,

6 **양념**으로 간한 뒤 채 썬 무, 표고버섯, 대파를 넣어 5분 정도 더 끓이고,

7 국물이 끓어오르면 거품을 걷어낸 뒤 달걀물을 두르고 뚜껑을 덮어 30초간 더 끓여 마무리.

마늘볶음밥

by. 임효숙 선생님 (2013년 3월 26일 방영)

다른 재료 하나 없이 마늘만 넣어도
아쉬움이 전혀 없는 완벽한 볶음밥이에요.
매운 향은 날리고 달달함만 최대로 끌어 올려 노릇하게 볶았어요.
쌀알 하나하나에 마늘 풍미를 휘감아주니 요거 물건이네요.

☆☆☆☆☆

냉장고에 고기나 특별한 재료 없는 날에도 마늘 하나면 근사한 볶음밥이 완성. 두 공기도 거뜬해요. (ID : mane***)

☆☆☆☆☆

출근 전 급할 때 마늘볶음밥 하나면 도시락 걱정이 없어요. 간단하게 마늘만 볶아서 밥이랑 쓱쓱 비비면 끝이죠. 고기도 없이 어떻게 이런 맛이 나는지 참 신기해요. (ID : meo7***)

READY | 2인분

필수 재료
마늘(8개), 파슬리(적당량), 찬밥(2공기)

양념
버터(1큰술), 올리브유(1큰술), 소금(약간), 후춧가루(약간)

RECIPE

TIP 파슬리가루를 직접 만들어 사용하면 색감이 더 좋아요.

TIP 다진 파슬리를 키친타월이나 면포로 감싸 비닐에 넣고 냉동 보관해 두고두고 사용해요.

1 마늘은 편으로 썰고,

2 파슬리는 잎만 떼어 잘게 다진 뒤 면포로 감싸 물에 충분히 헹궈 색을 빼고,

3 물에 헹군 파슬리는 키친타월로 물기를 충분히 제거한 뒤 4~5시간 정도 건조시키고,

TIP 버터와 올리브유를 섞어 마늘을 볶으면 맛과 향이 더욱 좋아요.

4 중간 불로 달군 팬에 버터(1큰술), 올리브유(1큰술)를 둘러 마늘을 넣고 마늘 향이 충분히 날 때까지 튀기듯 볶고,

5 찬밥을 넣어 골고루 섞어가며 볶다가 소금(약간), 후춧가루(약간)로 간하고,

6 그릇에 마늘볶음밥을 담고 볶은 마늘과 파슬리가루를 뿌려 마무리.

TIP 볶은 마늘의 일부는 건져 장식용으로 사용해요.

소고기무나물

by. 임효숙 선생님 (2018년 2월 20일 방영)

제철 무를 채 썰어 들기름에 달달 볶기만 해도
부드럽고 달큰한 맛에 밥 한 공기 거뜬하죠.
여기에 영양 만점 소고기를 더하면
육즙이 부드럽게 스며들어 맛이 배가된답니다.
칼칼한 청양고추로 뒷맛까지 깔끔해요

☆☆☆☆☆

소고기에 무를 넣으니 식감도 살아나고 퍽퍽하지 않아서 좋았어요. 채소 안먹는 아이들도 잘 먹는건 비밀 (ID : mdnn***)

☆☆☆☆☆

달큰한 무가 들어가서 그런지 소고기 맛이 살아나는 것 같아요. 속속들이 양념이 배어들고 무 덕분에 식감도 부드러워졌어요. 소화가 잘 되어서 더욱 좋았어요. (ID : wmdc***)

READY | 4인분

필수 재료

무(400g), 청양고추(15g), 채 썬 소고기(우둔살 80g)

밑간

설탕($\frac{1}{2}$큰술), 다진 파($\frac{1}{2}$큰술), 국간장($\frac{1}{2}$큰술), 후춧가루(약간), 들기름($\frac{1}{2}$큰술)

양념

들기름(1큰술), 다진 마늘($\frac{1}{2}$큰술), 소금(1작은술), 후춧가루(약간), 참깨(1작은술)

RECIPE

TIP 무는 결대로 도톰하게 채 썰어야 아삭한 식감이 살아요.

1 껍질을 벗긴 무는 결대로 2mm 두께로 채 썰고, 청양고추는 어슷 썰고,

TIP 소고기는 기름기가 적은 우둔살로 준비해야 채 썰어도 끊어지지 않아요.

2 채 썬 소고기는 **밑간**에 버무려 10분 정도 재우고,

TIP 무를 소고기와 함께 익혀주면 맛있는 육즙이 스며들고 부드럽게 익어요.

3 중간 불로 달군 냄비에 소고기, 들기름(1큰술), 채 썬 무, 다진 마늘($\frac{1}{2}$큰술)을 넣은 뒤 뚜껑을 덮어 10분 정도 익히고,

TIP 부드러운 맛을 원한다면 중간불에 푹 익혀요.

4 소고기가 익으면 무와 골고루 섞어 소금(1작은술), 청양고추, 후춧가루(약간)를 넣어 살짝 볶고,

5 그릇에 먹기 좋게 담은 뒤 참깨(1작은술)를 뿌려 마무리.

새우도리아

by. 임효숙 선생님 (2017년 8월 11일 방영)

냉장고 속 재료로 근사하게 만드는 일품요리!
고소한 새우도리아를 만들어보세요.
도리아(Doria)는 해물이나 고기를 채소, 밥과 함께 볶아
치즈를 덮어 노릇하게 구운 요리예요.
치킨이나 소고기로 만들어도 맛있답니다.

RECIPE

1 양송이버섯(2개)은 납작 썰고, 양파, 파프리카, 청피망은 사각형 모양으로 한입 크기로 네모나게 썰고,

READY | 4인분

필수 재료
양송이버섯(2개), 양파(80g), 노란 파프리카(30g), 빨간 파프리카(30g), 새우(150g), 밥(2공기), 통조림 옥수수(100g), 모차렐라치즈(150g)

선택 재료
청피망(30g), 데친 브로콜리($\frac{1}{2}$송이)

밑간
화이트와인(1큰술), 소금($\frac{1}{2}$작은술), 후춧가루(약간)

소스
칠리소스(3큰술), 고추장(1큰술), 물($\frac{1}{2}$컵), 카레가루($1\frac{1}{2}$큰술)

양념
고추기름(1큰술), 다진 마늘(1큰술), 크림소스(1컵), 파르메산 치즈가루(약간), 파슬리가루(약간)

TIP 화이트와인 대신 청주나 소주를 사용해도 좋아요.

TIP 시판 스파게티용 크림소스를 사용했어요.

2 새우는 흐르는 물에 헹궈 **밑간**에 10분 정도 재우고,

TIP 칠리소스 대신 케첩을 사용해도 좋아요.

3 **소스**를 만들고,

4 중간 불로 달군 팬에 고추기름(1큰술)을 둘러 다진 마늘(1큰술), 양파를 볶다가 밑간한 새우($\frac{1}{2}$분량)를 넣어 볶고,

TIP 꼬들꼬들하게 지은 밥을 사용해야 식감이 좋아요.

5 센 불로 올려 밥을 고루 풀어가며 볶다가 소스, 통조림 옥수수, 양송이버섯을 넣어 볶고,

6 크림소스를 넣어 고루 섞은 뒤 오븐 용기에 담아 모차렐라치즈(100g)를 골고루 뿌리고,

7 청피망, 파프리카, 남은 모차렐라치즈(50g), 새우($\frac{1}{2}$분량)를 올린 뒤 파르메산치즈가루(약간)를 뿌리고,

TIP 오븐이 없을 땐 전자레인지에 넣어 치즈가 노릇해질 때까지 익혀주면 돼요.

8 250℃로 예열된 오븐에 넣어 13분 정도 구운 뒤 꺼내 데친 브로콜리를 얹고 파슬리가루(약간)를 뿌려 마무리.

담백함과 짭조름함을 한 번에 느낄 수 있는 매력덩어리 반찬이에요.
청국장에 무심히 비빈 비빔밥이 생각날 때
상추는 쭉쭉 뜯고 매콤한 무생채, 멸치된장무침 한 스푼을 올려[illegible]세요.
맛 좋은 한 그릇 식사에 기분까지 흐뭇해져요.

멸치된장무침

by. 전진주 선생님 (2016년 12월 5일 방영)

☆☆☆☆☆

달달한 멸치볶음에 질린 어느날 된장과 무쳤더니 짭짤하면서 구수한 맛이 일품이더라고요. 밥에도 비벼먹고 반찬처럼 먹어도 좋았어요. (ID : mlch***)

☆☆☆☆☆

멸치를 된장으로 비벼본 적은 별로 없었는데 간도 적당하고 조합이 잘 맞아서 놀랐어요. 아이들이 먹기에는 작은 멸치가 좀 더 편했어요. 편식하지 않고 맛있다고 밥 한그릇 뚝딱 비워내더라고요. (ID : mchu***)

READY | 4인분

필수 재료
풋고추(4개), 두부($\frac{1}{2}$모), 멸치(1컵)

선택 재료
홍고추(1개), 청양고추(1개)

양념장
고춧가루($\frac{1}{2}$큰술), 다진 마늘(1큰술), 다진 파(1큰술), 된장(1큰술), 참기름(1큰술), 참깨(약간)

RECIPE

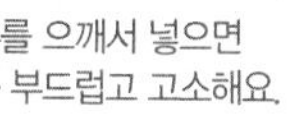

TIP 두부를 으깨서 넣으면 더욱 부드럽고 고소해요.

TIP 작은 크기의 멸치로 준비해요. 멸치가 따뜻해질 정도로 볶아요.

TIP 황태육수를 넣어도 좋아요.

1 풋고추, 홍고추는 반을 갈라 씨를 제거한 뒤 어슷 썰고, 청양고추는 송송 썰고, 두부는 으깨 면포로 물기를 짜고,

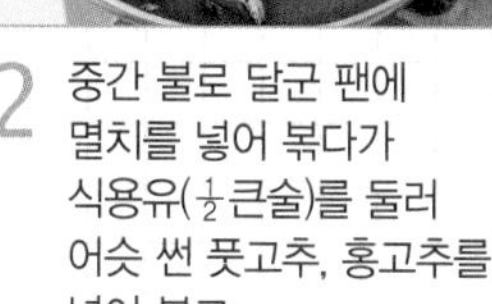

2 중간 불로 달군 팬에 멸치를 넣어 볶다가 식용유($\frac{1}{2}$큰술)를 둘러 어슷 썬 풋고추, 홍고추를 넣어 볶고,

3 중간 불로 달군 다른 팬에 식용유($\frac{1}{2}$큰술)를 둘러 으깬 두부와 참기름, 참깨를 제외한 나머지 양념을 넣어 1~1분 30초 정도 볶고,

4 볶은 멸치, 풋고추, 홍고추를 넣어 고루 섞고 청양고추와 참기름(1큰술), 참깨(약간)를 넣어 마무리.

시금치전

by. 전진주 선생님 (2017년 12월 6일 방영)

씹을수록 단맛이 도는 시금치는 비타민과 철분이 풍부해
남녀노소에게 모두 좋은 식재료인데요.
당근, 파프리카 더해 시금치를 통째로 지져내면
꽃이 핀 듯 식탁이 화사해진답니다.
반죽에 새우가루, 표고버섯가루 더해 감칠맛을 살리고
구수한 들기름에 구워냈더니 젓가락을 멈출 수 없네요.

☆☆☆☆☆

무쳐먹기만 했던 시금치의 대변신! 질기지 않아서 아이들도 잘 먹어요. 술안주로도 최고였어요. (ID : smej***)

READY | 4인분

필수 재료
당근($\frac{1}{4}$개), 노랑 파프리카($\frac{1}{4}$개), 시금치(2줌), 부침가루($\frac{1}{3}$컵)

선택 재료
빨간 파프리카($\frac{1}{4}$개), 들기름($\frac{1}{4}$컵)

반죽 재료
부침가루(1컵), 달걀(1개), 국간장($\frac{1}{2}$큰술), 새우가루($\frac{1}{2}$큰술), 표고버섯가루($\frac{1}{2}$큰술)

초간장
물(1), 식초(0.5), 간장(1), 참깨(약간)

RECIPE

1 당근, 노란 파프리카, 빨간 파프리카는 얇게 채 썰고,

TIP 반죽의 농도를 묽게 만들어야 전이 두꺼워지지 않아요.

2 비닐봉지에 뿌리를 제거한 시금치, 부침가루($\frac{1}{3}$컵)를 넣고 흔들어 부침가루를 고루 입히고,

3 물(1컵), 부침가루(1컵), 달걀(1개)을 고루 섞은 뒤 국간장($\frac{1}{2}$큰술), 새우가루($\frac{1}{2}$큰술), 표고버섯가루($\frac{1}{2}$큰술)를 섞어 **반죽**을 만들고,

4 반죽에 당근, 빨간 파프리카, 노란 파프리카를 섞고,

5 시금치는 부침가루(1컵)를 살짝 털어낸 뒤 반죽을 묻히고,

6 중간 불로 달군 팬에 들기름($\frac{1}{4}$컵), 포도씨유($\frac{1}{4}$컵)를 둘러 반죽옷을 입힌 시금치를 하나씩 올려 앞뒤로 노릇하게 굽고,

7 키친타월에 얹어 기름기를 제거하고 그릇에 담아 **초간장**을 곁들여 마무리.

가지소박이

by. 정미경 선생님 (2017년 7월 4일 방영)

여름 제철 가지는 저렴한 탓에 다양한 요리로 먹기 좋은데요.
절일 필요 없이 간편하게 담가 먹는 별미 김치로 즐겨보세요.
후루룩 갈아 만든 양념을 가지에 채우기만 하면 된답니다.
바로 먹기 좋고 하루 정도 숙성시켰다 먹으면
가지 속까지 양념이 제대로 배어 더 맛있어요.

☆☆☆☆☆

가지를 세상에서 젤 싫어한다는 우리 아이. 가지인줄 모르고 먹었는데도 맛있다네요. 하루 재우고 소박이로 만드니 부드럽고 간이 딱 맞아요. (ID : gkmm***)

☆☆☆☆☆

가지 소박이 하나 만들어두면 보관도 쉽고 맛도 오래 유지되더라고요. 한동안 반찬 걱정도 없어져요. 만들기도 편한데 맛도 좋아서 느끼한 음식이나 부담되는 음식을 먹을 땐 김치처럼 꼭 함께 먹어요. (ID : aied***)

READY | 4인분

필수 재료

가지(5개), 쪽파(5대), 부추(100g), 홍고추(2개)

양념

소금(1큰술), 고춧가루($\frac{1}{2}$컵), 설탕($\frac{1}{2}$큰술), 멸치액젓(3큰술), 양파즙(3큰술), 배즙(3큰술), 다진 마늘(1큰술), 다진 생강(1작은술), 새우젓(1큰술)

RECIPE

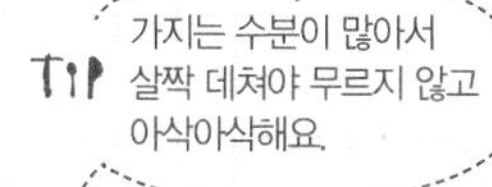

1 가지는 6cm 길이로 자른 뒤 양 끝에 1cm 정도 남기고 칼집을 내고,

2 끓는 소금물(물5컵+소금1큰술)에 가지를 넣어 살짝 데쳐 건진 뒤 찬물에 헹궈 물기를 꼭 짜고,

3 쪽파와 부추는 2cm 길이로 썰고, 홍고추는 채 썰고,

TIP 가지를 데쳐서 담그기 때문에 바로 먹거나 하루 동안 실온 숙성한 뒤 냉장 보관해요.

4 소금을 제외한 **양념 재료**를 고루 섞고,

5 양념에 쪽파, 부추, 채 썬 홍고추를 버무려 가지 속을 채우고,

6 가지소박이를 그릇에 담아 마무리.

명란젓 늙은호박찌개

by. 정미경 선생님 (2017년 12월 11일 방영)

늙은 호박을 넣어 첫맛은 달고
명란젓으로 시원함을 살린 별미 찌개예요.
고춧가루 없이 말갛게 끓여서 술 마신 다음날
해장용으로 훌훌 마시면 속이 개운하답니다.
통통한 명란젓이 듬뿍 담겨 웬만한 알탕 부럽지 않네요.

☆☆☆☆☆

늙은호박을 넣으니 부드럽고 개운한 맛이었어요. 심심할 수 있는 간은 명란젓이 확 잡아주네요! (ID : jmkw***)

☆☆☆☆☆

늙은호박은 뭉근하고 부드러워서 맛있지만 많이 먹으면 단맛이 좀 질리곤 했어요. 명란젓을 함께 넣으니 중심을 잘 잡아주고 국물 맛이 훨씬 깊어지네요. 해장용으로도 잘 어울려요. (ID : ccm3***)

READY | 4인분

필수 재료
늙은호박(300g), 명란젓(130g), 마늘(1쪽)

선택 재료
청경채(140g), 홍고추(1개)

양념
새우젓(2큰술), 후춧가루(약간)

RECIPE

TIP 늙은 호박은 껍질의 색이 진하고 묵직한 게 좋아요.

1 늙은 호박은 껍질을 제거해 반 갈라 씨를 발라낸 뒤 한입 크기로 썰고,

TIP 청경채를 넣으면 식감이 살고 시원한 맛이 더해져요.

2 명란젓은 한입 크기로 썰고, 청경채는 밑동을 잘라낸 뒤 한입 크기로 썰고, 마늘과 홍고추는 채 썰고,

TIP 기호에 따라 새우젓을 가감해요.

3 끓는 물(3컵)에 새우젓(2큰술)을 넣어 고루 푼 뒤 늙은 호박을 넣어 3분 정도 끓이고,

TIP 단호박을 사용해도 좋아요.

4 늙은 호박이 부드러워지면 명란젓, 청경채, 채 썬 홍고추와 마늘, 후춧가루를 넣고 한소끔 더 끓여 마무리.

밥전

by. 정미경 선생님 (2014년 10월 8일 방영)

집에 자투리채소가 남았을 때 볶음밥 말고 밥전은 어떠세요? 고소하고 쫀득쫀득한 맛에 다른 반찬이 필요 없답니다.

한입 크기로 만들어 먹기 편하고 도시락통에 넣어 다니기도 좋아요. 돼지고기, 햄, 캔 참치, 오징어 등 취향에 따라 나만의 밥전을 만들어보세요!

☆☆☆☆☆

냉장고에 쌓여만 가는 재료들 비우기에 딱이었어요. 전으로 만드니 새로워서 더욱 손이갔어요. (ID : bnjk***)

READY | 2인분

필수 재료
배추김치(75g), 다진 소고기(50g), 달걀(1개), 밥(1공기)

밑간
간장(1작은술), 다진 마늘($\frac{1}{2}$작은술), 참기름($\frac{1}{2}$작은술), 설탕($\frac{1}{2}$작은술), 깨소금(약간), 후춧가루(약간)

양념
고추장(1큰술), 참기름(1작은술), 밀가루(2큰술)

RECIPE

1 배추김치는 잘게 다지고, 다진 소고기는 **밑간**해 고루 버무리고, 달걀은 고루 풀고,

TIP 부족한 간은 소금을 넣거나 고추장 양을 더해 맞춰요.

2 중간 불로 달군 팬에 식용유(1큰술)를 둘러 밑간한 소고기를 볶고,

3 소고기가 거의 다 익으면 고추장(1큰술), 찬밥을 넣어 비비듯이 볶고,

4 잘게 썬 배추김치, 참기름(1작은술)을 넣어 골고루 볶아 불을 끄고 한 김 식히고,

5 한 김 식힌 밥을 먹기 좋은 크기로 둥글납작하게 빚고,

6 밀가루(2큰술)와 달걀물을 묻히고,

7 중간 불로 달군 팬에 달걀옷을 입힌 밥전을 앞뒤로 노릇노릇하게 지져 마무리.

김치하이라이스

by. 정미경 선생님 (2017년 12월 13일 방영)

어릴 때 종종 먹던 하이라이스.
카레도 아니고 짜장도 아닌 그 맛이 종종 생각날 때가 있죠.
양파를 충분히 볶아 단맛과 감칠맛을 끌어올리고
케첩을 넣어 하이라이스의 맛을 더욱 진하게 살려주세요.
배추김치를 넣으면 개운한 맛이 더해진답니다.

RECIPE

1 양파는 얇게 채 썰고, 양송이버섯은 모양대로 얇게 썰고, 쪽파는 송송 썰고, 소고기는 한입 크기로 썰고, 배추김치는 한입 크기로 채 썰고,

READY | 2~3인분

필수 재료
양파(2개), 소고기(등심 200g), 배추김치(180g), 하이라이스 가루($\frac{1}{2}$컵), 밥(1공기)

선택 재료
양송이버섯(3개), 쪽파(1대)

양념
버터(2큰술), 소금(약간), 후춧가루(약간), 케첩(2큰술)

TIP 양파를 캐러멜색이 날 때까지 볶으면 단맛과 감칠맛이 깊어져요.

2 중간 불로 달군 냄비에 버터(2큰술)를 둘러 양파를 넣어 20분 정도 충분히 볶고,

TIP 남은 적포도주를 조금만 넣어주면 잡내가 제거되고 풍미도 깊어져요.

3 소고기를 넣어 볶다가 소금(약간), 후춧가루(약간)로 밑간해 볶고,

4 소고기가 익으면 채 썬 배추김치를 넣어 볶은 뒤 물($2\frac{1}{2}$컵), 양송이버섯을 넣어 20분 정도 끓이고,

5 하이라이스가루에 물($\frac{1}{2}$컵)을 부어 곱게 풀고,

6 재료가 거의 익으면 하이라이스가루 푼 물을 넣어 고루 섞은 뒤 물(1컵)을 붓고,

7 끓어오르면 케첩(2큰술)을 섞어 한소끔 끓이고,

8 그릇에 밥을 담고 하이라이스소스를 고루 끼얹은 뒤 송송 썬 쪽파를 뿌려 마무리.

마깍두기

by. 정호영 선생님 (2018년 3월 22일 방영)

우유와 갈아 먹거나 소바, 우동에 올려 먹기만 했던 마의 변신!
바로 무쳐 아삭아삭한 식감 덕에 즉석에서 만든 겉절이처럼 매콤한 샐러드처럼 즐기기 좋아요.
양념도 겉돌지 않고 입에 착착 달라붙는답니다. 냉장실에서 하루 이틀 더 숙성해 먹으면
더 깊은 맛이 나요.

☆☆☆☆☆

몸에 좋은 마 어떻게 먹어야 할 지 고민이었는데 깍두기로 해두니 식탁에서 순식간에 사라지네요. 무 깍두기보다 훨씬 새롭고 식감도 좋았어요. (ID : jmll***)

☆☆☆☆☆

잘못 보관하면 쉽게 상하는 마 때문에 고민이 많았는데, 마 깍두기를 해서 먹으니 보관도 쉽고 맛도 훨씬 좋네요. 몸에도 훨씬 좋고요. (ID : mado***)

READY | 4인분

필수 재료
마(180g)

양념
설탕(1작은술), 고춧가루(2큰술), 생강술(1작은술), 새우젓국물(2큰술), 다진 마늘(1큰술), 참깨(약간)

TIP 새우젓 국물로 간을 해주면 양념이 깔끔하고 개운한 맛을 살릴 수 있어요.

TIP 새우젓 대신 까나리 액젓 등 다른 액젓으로 대체해도 좋아요.

RECIPE

TIP 양념을 먼저 만들고 마를 섞어야 간 맞추기가 쉬워요.

1 마는 필러로 껍질을 제거한 뒤 한입 크기로 썰고, 실파는 송송 썰고,

2 **양념**을 고루 섞고,

3 양념에 마를 넣어 고루 버무리고 그릇에 담아 마무리.

PLUS RECIPE

은은하게 입맛 당기는

마 맛탕

READY | 3인분

필수 재료
마(1개=300g), 녹말가루(3)

선택재료
검은깨(적당량)

양념
올리고당(5)

TIP 껍질 벗긴 마는 미끄러우니 칼질 주의!

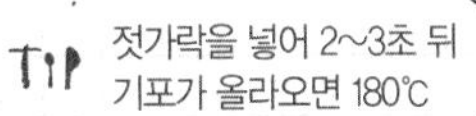

TIP 젓가락을 넣어 2~3초 뒤 기포가 올라오면 180℃

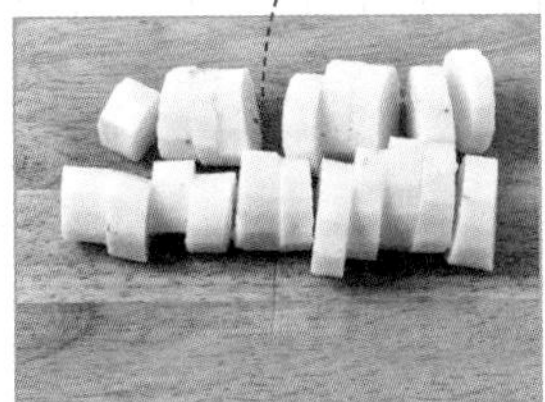

1 마는 감자칼로 껍질을 벗겨 찬물에 10분간 담가 전분기를 뺀 뒤 먹기 좋게 썰고

2 봉지에 녹말가루(3)와 마를 넣고 흔들어 고루 묻히고

3 180℃로 달군 식용유(3컵)에 마를 노릇하게 튀겨 건지고

4 다른 팬에 올리고당(5)을 넣어 끓어오르면 튀긴 마를 넣고 고루 섞은 뒤 검은깨를 뿌려 마무리

연어주먹밥

by. 정호영 선생님 (2018년 10월 12일 방영)

자칫 심심할 수 있는 주먹밥에 연어를 더해서
고급스럽고 담백한 맛을 냈어요.
연어는 손으로 눌렀을 때 탄력 있고
전체적으로 선홍빛을 내는 게 신선해요.
간단하게 손에 들고 든든하게 즐겨보세요.

☆☆☆☆☆

연어주먹밥 하나면 도시락 걱정도 끝! 두어개만 먹어도 하루가 든든하네요. 고소하고 짭짤해서 딱이었어요. (ID : uyun***)

READY | 4인분

필수 재료
연어(200g), 쪽파(30g), 따뜻한 밥(3공기), 마른 김(2장)

양념
청주(2큰술), 맛술(2큰술), 소금(1작은술), 참기름(1작은술), 참깨(1작은술)

달큰한 양념 재료
대파(40g), 편 썬 생강(25g), 데리야키소스(6큰술), 청주(2큰술), 물(2큰술)

RECIPE

1 연어는 한입 크기로 편 썰고, 쪽파는 초록 부분만 잘게 송송 썰고,

TIP 연어 자체에 기름기가 있어 구울 때 기름을 따로 두르지 않아도 돼요.

TIP 2등분한 대파(40g), 편 썬 생강(25g), 데리야끼소스(6큰술), 청주(2큰술), 물(2큰술)을 끓여 달큰한 양념을 만들어 넣어도 좋아요.

2 중간 불로 달군 팬에 연어를 넣어 노릇하게 구운 뒤 키친타월에 얹어 기름기를 제거하고,

3 중간 불로 달군 팬에 구운 연어, 청주(2큰술), 맛술(2큰술), 소금(1작은술)을 넣어 으깨어가며 볶고,

4 따뜻한 밥(250g)에 볶은 연어, 참기름(1작은술), 참깨(1작은술), 송송 썬 쪽파를 넣어 고루 버무리고,

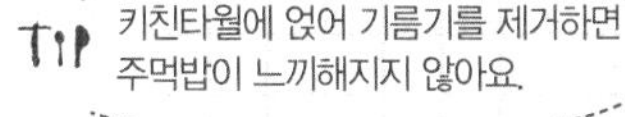

TIP 키친타월에 얹어 기름기를 제거하면 주먹밥이 느끼해지지 않아요.

5 마른 김은 직사각형 모양으로 길쭉하게 썰고,

6 버무린 밥은 큼직하게 떼어낸 뒤 삼각형 모양으로 빚어 주먹밥을 만들고,

7 마른 김을 주먹밥 가운데에 붙여 마무리.

낙지차돌박이볶음

by. 최인선 선생님 (2017년 5월 23일 방영)

평범한 낙지볶음과는 차원이 다른
비법 양념장에 볶아낸 별미 낙지볶음을 소개할게요.
비법 양념장의 비결은 바로 참치가루예요.
감칠맛이 농축되어 한 스푼만 더해도 진한 맛을 잘 낸답니다.
차돌박이를 추가해 원기를 충전시키는
별미 보양요리로 즐겨보세요.

RECIPE

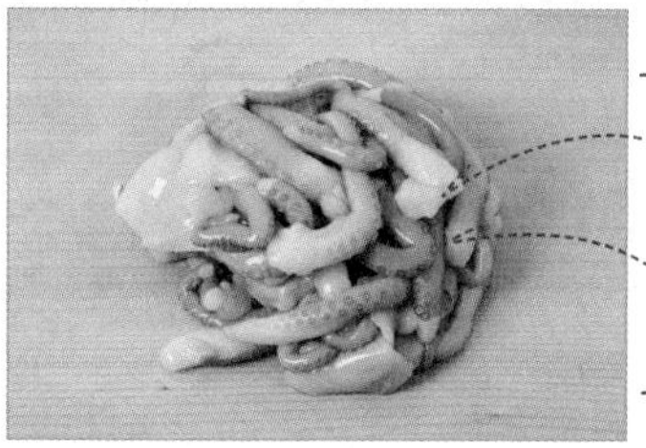

TIP 낙지의 머리에 엄지손가락을 넣고 훑듯이 씻어주세요.

TIP 낙지는 익으면 크기가 줄어드니 큼직하게 썰어주세요.

1 낙지는 내장, 입을 제거해 소금에 바락바락 비빈 뒤 흐르는 물에 깨끗이 헹궈 큼직하게 썰고,

TIP 대파 심지는 버리지 말고 채 썰어 남겨 두세요.

2 차돌박이는 키친타월에 밭쳐 핏물을 제거하고, 대파는 반 갈라 가운데 심지를 제거한 뒤 돌돌 말아 얇게 채 썰어 얼음물에 5분간 담가 건지고,

READY | 4인분

필수 재료
낙지(300g), 차돌박이(150g), 대파(1대), 양파($\frac{1}{2}$개), 깻잎(4장)

양념장
설탕(2큰술), 고춧가루(3큰술), 후춧가루($\frac{1}{2}$큰술), 참치가루($\frac{1}{2}$큰술), 간장(2큰술), 고추장(2큰술), 간 사과(2큰술), 다진 마늘(2큰술), 다진 청양고추($\frac{1}{2}$큰술), 고추기름($\frac{1}{2}$큰술), 참기름(약간)

양념
청주(약간), 고춧가루(1큰술), 검은깨(약간), 참깨(약간)

3 양파는 채 썰고, 깻잎은 깨끗이 헹궈 물기를 제거하고,

4 **양념장**을 만들고,

TIP 차돌박이는 미리 구워 사용하면 낙지와 볶을 때 찢어지지 않고 모양이 살아요.

5 중간 불로 달군 팬에 차돌박이를 구운 뒤 키친타월로 기름기를 제거하고,

TIP 수분이 생겼을 때 고춧가루를 넣으면 수분이 제거돼요.

6 센 불로 달군 팬에 식용유(2큰술)를 둘러 큼직하게 썬 낙지, 채 썬 양파, 대파 심지를 넣어 볶고,

TIP 팬을 충분히 달군 뒤 볶아야 수분이 생기지 않아요.

7 청주(약간), 양념장(2큰술)을 넣어 볶다가 남은 양념장, 차돌박이를 넣어 고루 섞은 뒤 고춧가루(1큰술)를 넣어 볶고,

8 그릇에 먹기 좋게 담고 대파채, 깻잎을 곁들인 뒤 검은깨, 참깨를 뿌려 마무리.

연어양파덮밥

by. 최인선 선생님 (2017년 5월 22일 방영)

밥 위에 두툼하게 연어를 썰어 올리고
상큼한 레몬마요와 양파를 살포시 얹으면
유명 일본식 덮밥집이 부럽지 않답니다.
입안에서 톡톡 터지는 날치알이 식감을 더해주고
알싸한 고추냉이가 뒷맛까지 깔끔하게 마무리해줘요.

연어 덮밥에는 껍질이 없는 살코기로 준비해주세요. 횟감용 통연어를 구입할 땐 연어 뱃살로 준비해요. TIP

READY | 2인분

필수 재료
연어(150g), 양파(100g), 밥(2공기), 날치알(1½큰술), 무순(약간), 레몬 슬라이스(약간)

양념
소금(약간), 간장(2큰술), 고추냉이(2큰술)

소스
설탕(약간), 레몬즙(1큰술), 마요네즈(3큰술), 화이트 와인(1큰술)

단촛물
식초(3큰술), 설탕(2큰술), 소금(1큰술)

RECIPE

TIP 훈제 연어를 사용해도 좋아요.

1 연어는 도톰하게 포를 뜨듯 썰고

2 양파는 얇게 채 썰어 찬물에 담가 5분 정도 매운맛을 제거한 뒤 체에 밭쳐 물기를 제거하고,

3 **소스**를 만들고,

4 밥에 **단촛물**(2큰술)을 넣어 고루 섞은 뒤 그릇에 담고,

5 도톰하게 썬 연어는 밥 위에 돌려가며 올리고,

6 채 썬 양파를 올린 뒤 소스를 뿌리고,

7 날치알(1½큰술), 무순(약간)을 올리고 고추냉이(2큰술), 레몬 슬라이스(약간)를 곁들여 마무리.

해물떡볶이 by. 최진혼 선생님 (2018년 6월 1일 방영)

남녀노소 사랑받는 떡볶이!
평범한 고추장 떡볶이 대신 새우, 갑오징어 등
다양한 해물과 채소를 넣은 특별한 떡볶이를 만들어보세요.
카레가루를 넣어 해물의 비린내도 잡고 풍미도 깊어져요.

RECIPE

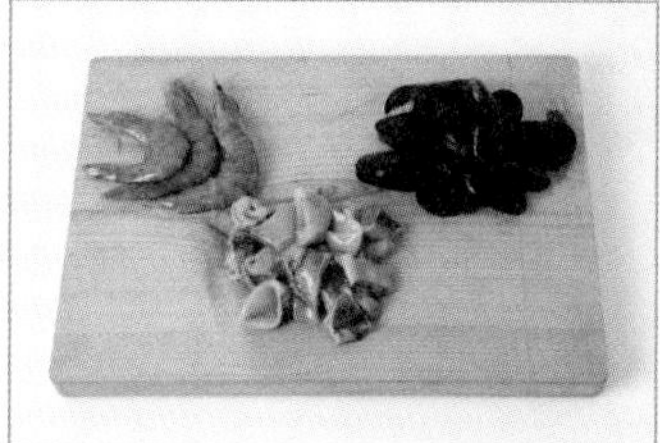

1 새우는 등 쪽 내장을 제거하고, 홍합은 겉의 이물질을 제거한 뒤 깨끗이 씻고, 갑오징어는 내장을 제거한 뒤 한입 크기로 자르고,

2 통오징어는 내장과 다리를 제거한 뒤 가운데 1cm 정도 남기고 양옆을 자르고,

3 어묵은 삼각형으로 썰고, 양배추는 한입 크기로 썰고, 양파는 채 썰고, 대파는 잘게 다지고, 쪽파는 송송 썰고,

READY | 4인분

필수 재료
새우(1마리), 홍합(100g), 통오징어(100g), 어묵(50g), 양배추(40g), 양파(150g), 대파(1½대), 쪽파(1대), 떡볶이떡(100g)

선택 재료
갑오징어(100g), 절단 꽃게(60g), 삶은 메추리알(7~10개)

양념장
고춧가루(3큰술), 황설탕(3큰술), 고추장(2큰술), 올리고당(2큰술), 참치액(1½큰술), 맛술(1큰술), 다진 마늘 (1큰술), 카레가루(1작은술), 다진 생강(1작은술), 후춧가루(약간),

양념
청주(1큰술)

4 어묵은 체에 밭친 뒤 뜨거운 물을 부어 데치고,

5 끓는 물(3컵)에 청주(1큰술), 손질한 통오징어를 넣어 1분 30초 정도 데쳐 건지고,

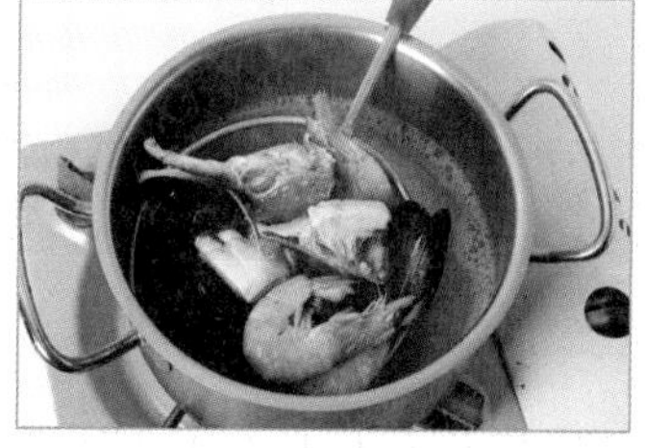

6 같은 냄비에 홍합, 절단 꽃게, 손질한 새우를 넣어 홍합이 입을 벌리면 갑오징어를 넣은 뒤 불을 끄고 잔열에 익혀 건지고, 해물육수는 따로 두고,

TIP 양념장에 카레가루를 넣어주면 해물의 비린내가 사라지고 풍미도 깊어져요.

7 **양념장**을 만든 뒤 해물육수(1½컵)를 섞어 30분 정도 숙성시키고,

TIP 양념장에 해물육수를 섞어 30분 정도 숙성시키면 깊은 맛이 나요.

8 중간 불로 달군 팬에 양념장, 떡볶이떡, 데친 어묵, 손질한 양배추, 양파를 넣어 3분 정도 끓이고,

9 데친 해물, 다진 대파, 삶은 메추리알을 올려 한소끔 끓이고 송송 썬 쪽파를 올려 마무리.

바나나티라미수

by. 토니오 선생님 (2015년 12월 24일 방영)

'기분을 업Up 시킨다'는 어원을 담고 있는 티라미수는 이태리의 대표적인 디저트예요. 은은한 커피 향과 쌉싸름한 카카오가루가 어우러져 촉촉한 질감이 특징인데요. 여기에 달콤한 바나나를 곁들여 특별한 티라미수를 완성했어요. 의외로 만들기 쉬우니 꼭 한번 도전해보세요.

☆☆☆☆☆

달달한 티라미수에 바나나를 더하니 달달함이 폭발! 만들기도 생각보다 간단했어요. 손님용 디저트로 제격이에요! (ID : tirm***)

READY | 4인분

필수 재료
바나나(2개), 레이디핑거(15개), 설탕(약간), 블랙커피(1컵), 카카오가루(2큰술)

필링
생크림($1\frac{1}{2}$컵), 설탕(300g+약간), 마스카르포네 치즈(250g)

RECIPE

TIP 바나나를 설탕에 절이면 풋내가 제거돼요.

1 바나나는 잘게 썰어 설탕(약간)을 넣어 절이고,

2 생크림은 핸드믹서로 휘핑해 설탕(150g)을 넣어 휘핑하다가 남은 설탕(150g)을 넣어 다시 휘핑하고,

3 마스카르포네 치즈는 주걱으로 부드럽게 섞은 뒤 설탕(약간)을 넣어 고루 섞고,

4 휘핑한 생크림에 마스카르포네 치즈를 섞어 필링을 만들고,

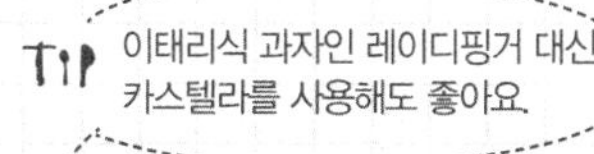

5 필링에 절인 바나나를 섞어 냉장실에서 잠깐 차갑게 두고,

6 레이디핑거는 블랙커피에 적신 후 그릇에 담은 뒤 차갑게 식혀 둔 크림을 올리고,

7 카카오가루(2큰술)를 체에 밭쳐 뿌려 마무리.

맥앤치즈

by. 한명숙 선생님 (2018년 3월 15일 방영)

화이트소스에 체다 치즈를 듬뿍 넣어
고소하고 치즈향 가득한 맥 앤 치즈.
그동안 너무 느끼했다면 이번에는 채소와
토마토소스를 곁들여 상큼하게 즐겨보세요.

☆☆☆☆☆

아이들이 가장 좋아하는 맥앤치즈! 저는 느끼해서 잘 못 먹었는데 토마토소스를 더하니 완전 취향저격이네요! (ID : lgkk***)

☆☆☆☆☆

가까운 친구들 모였을 때나 오늘은 스파게티 말고 좀 새로운 음식 해보고 싶을 땐 맥앤치즈를 만들어요. 만들기도 쉽고 치즈향이 입안 가득 퍼져서 기분이 좋아져요. (ID : eodk***)

READY | 4인분

필수 재료
양파(70g), 마늘(3쪽), 마카로니(150g), 토마토소스(1컵), 모차렐라 치즈(100g), 체다치즈(60g)

선택 재료
브로콜리(50g), 비엔나소시지(100g), 통조림 베이크드빈($\frac{1}{3}$컵), 파르메산치즈(약간)

양념
올리브유(1큰술), 소금(약간), 후춧가루(약간), 파슬리가루(1큰술)

RECIPE

1 양파는 채 썰고, 마늘은 편으로 썰고, 브로콜리는 작은 송이로 떼어내고,

TIP 마카로니를 삶을 때 올리브유를 넣어주면 서로 달라붙지 않아요.

2 끓는 물에 올리브유(1큰술), 소금(약간), 마카로니를 넣어 10분 정도 삶아 건지고, 브로콜리를 넣어 살짝 데쳐 건지고,

TIP 양파는 투명해질 때까지 볶아줘야 단맛은 올라가고 수분은 제거돼요.

3 중간 불로 달군 팬에 식용유(1큰술)를 둘러 채 썬 양파, 편 썬 마늘, 비엔나소시지를 넣어 볶고,

TIP 국물이 보이지 않을 때까지 볶아요.

4 양파가 투명해지면 삶은 마카로니, 토마토소스(1컵), 통조림 베이크드빈($\frac{1}{3}$컵), 데친 브로콜리를 넣어 볶고,

TIP 팬을 사용할 땐 볶은 마카로니 위에 치즈를 올린 뒤 뚜껑을 덮어 약한 불에서 2~3분 정도 구워요.

5 후춧가루를 넣어 고루 섞어 오븐 용기에 담은 뒤 모차렐라치즈, 체다치즈를 올려 200℃로 예열된 오븐에 넣어 7분 정도 노릇하게 굽고,

6 파르메산치즈를 곱게 갈아 올리고 파슬리가루(1큰술)를 뿌려 마무리.

↑ P228
→ P224

4

CHAPTER | 이밥차가 엄선한 최고의 가성비 요리

↑P276
→P262

EBS 최고의 요리비결을 빛냈던 수많은 요리들.
저렴한 식재료로 푸짐하게 만들어 먹을 수 있고,
냉장고 자투리 식재료를 얼마든지 활용할 수 있는
최고의 가성비를 뽐내는 요리만을 이밥차가 엄선했습니다.

닭불고기

by. 김덕녀 선생님 (2011년 11월 28일 방영)

달달한 양념으로 버무려 노릇하게 구워내
아삭한 파채와 함께 곁들이면
밥반찬으로도, 술안주로도 그만인 메뉴예요.
닭다릿살로 만들어 보들보들한 식감에
아이들 밥반찬으로도 손색없답니다.
아이들용은 고춧가루는 빼고 양념장을 만들어요.

☆☆☆☆☆

닭갈비랑 또다른 차원의 맛! 매콤달콤하면서 짭짤한 맛이 밥 도둑이에요. 아이들도 매워하지 않네요. (ID : dei0***)

☆☆☆☆☆

닭불고기에 대파 채 썰어서 한점 먹으면 술 생각이 절로 나요. 시원한 맥주와 함께 먹는 닭불고기는 회사에서 받은 스트레스도 잊게 만들더라고요. (ID : 8eki***)

READY | 4인분

필수 재료
닭다릿살(500g), 대파(1대)

양념
청주(1큰술), 생강즙(1작은술)

양념장
설탕(1큰술), 후춧가루(약간), 고춧가루(1큰술), 간장(1큰술), 다진 파(3큰술), 다진 마늘(1큰술), 고추장(1큰술), 참기름(1작은술)

RECIPE

1 닭다릿살은 기름을 제거해 칼집을 낸 뒤 **양념**에 버무려 10분 정도 재우고,

2 대파는 곱게 채 썰어 찬물에 10분 정도 담갔다 건져 체에 밭쳐 물기를 빼고,

3 **양념장**을 만들고,

4 양념장에 닭다릿살을 넣어 버무린 뒤 30분 정도 더 재우고,

5 중간 불로 달군 팬에 식용유(1큰술)를 둘러 재운 닭다릿살을 중간 불에서 고루 익히고,

TIP 닭고기를 센 불에서 익히면 고기가 익기 전에 양념이 탈 수 있어요. 닭불고기는 석쇠에 구워도 맛이 좋아요.

6 그릇에 대파 채를 담고 구운 닭불고기를 얹어 마무리.

영양만점 견과류와 멸치를 볶아
아이들이 먼저 찾는 인기 만점 밥반찬이에요.
동글동글하게 뭉쳐 한입에 쏙쏙 먹기도 편해요.
강정을 굵게 다져 밥에 버무려
주먹밥으로 만들어 먹어도 별미랍니다.

멸치강정

by. 김덕녀 선생님 (2016년 1월 4일 방영)

☆☆☆☆☆

젓가락질에 서툰 우리 아이. 멸치볶음 집을 때마다 식탁이 난리였죠. 강정처럼 해두니 한입에 쏙 이젠 잘 먹네요. (ID : emam***)

☆☆☆☆☆

점심 도시락에 그냥 멸치볶음을 넣으면 조금 밋밋하고 심심했는데, 멸치강정으로 만들어두니 서로들 한번 먹어보겠다고 하네요. (ID : 2kmj***)

READY | 4인분

필수 재료
풋고추(1개), 잔멸치(100g)

선택 재료
홍고추(1개), 호두(30g), 호박씨(20g)

양념장
설탕(1큰술), 물(3큰술), 다진 마늘(1작은술), 다진 파(2작은술), 고추장(1큰술), 물엿(2큰술)

양념
참기름(2작은술), 참깨(1작은술)

RECIPE

1 풋고추와 홍고추는 어슷 썰고, 호두는 굵게 다지고,

2 **양념장**을 만들고,

TIP 멸치는 체로 걸러 먼지나 불순물을 제거해 사용해요.

3 중간 불로 달군 팬에 잔멸치를 볶아 비린내를 제거한 뒤 꺼내고,

4 약한 불로 달군 팬에 양념장을 넣어 끓어오르면 볶은 멸치를 넣어 볶고,

TIP 집에 있는 견과류로 대체해도 좋아요.

5 굵게 다진 호두와 호박씨를 넣어 고루 섞다가 어슷 썬 풋고추와 홍고추, **양념**을 넣고,

TIP 실이 나올 정도로 볶아야 잘 뭉쳐져요.

6 볶은 멸치를 한 김 식힌 뒤 손에 식용유를 바르고 한입 크기로 먹기 좋게 뭉쳐 마무리.

자반고등어찜

by. 김선영 선생님 (2012년 10월 29일 방영)

냉동고 속 묵혀둔 자반고등어는 구이 말고 찜으로 맛보세요.
따로 간을 맞출 필요 없이 양념장만 더해
자작하게 조려내면 별미도 이런 별미가 없어요.
버섯, 감자를 두툼하게 썰어 넣어 간도 딱 맞아 떨어져요.

☆☆☆☆☆

비린내도 나지 않고 조림보다 간편했어요. 양념이 잘 배어서 밥반찬으로도 제격이고요. 고등어만으로 조금 심심할 땐 감자를 한입 베어 물면 배도 든든해요. (ID : gome***)

☆☆☆☆☆

보글보글 끓는 자반고등어찜 소리가 들리면 우리 가족은 식탁앞에 앉아서 얌전히 기다리게 돼요. 아이들도 감자랑 버섯 많이 넣어달라고 늘 성화예요. (ID : xkc7i***)

READY | 4인분

필수 재료
쌀뜨물(2컵), 감자(2개), 양파($\frac{1}{2}$개), 대파(1대), 자반고등어(2마리)

선택 재료
새송이버섯(3개)

양념
생강술(3작은술)

양념장
후춧가루(약간), 고춧가루(2작은술), 물(2작은술), 맛술(3작은술), 다진 풋고추(2큰술), 다진 홍고추(2큰술), 다진 마늘(1작은술), 다진 파(3작은술), 참기름(1작은술)

RECIPE

1 자반고등어는 토막 내 쌀뜨물에 담가 염분을 뺀 뒤 생강술(3작은술)을 뿌려 두고,

2 감자는 껍질을 벗겨 1cm 두께로 썰고, 양파는 3등분하고, 대파는 어슷 썰고, 새송이버섯은 4등분하고,

3 **양념장**을 만들고,

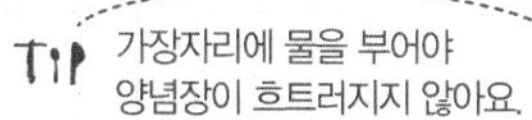

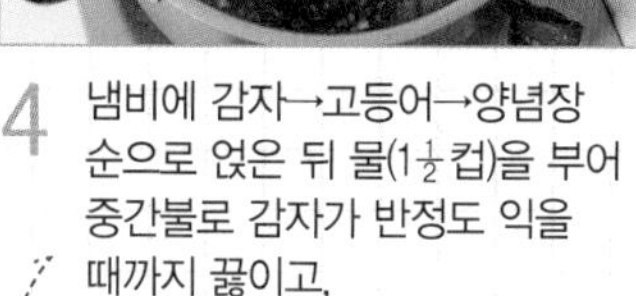

4 냄비에 감자→고등어→양념장 순으로 얹은 뒤 물(1$\frac{1}{2}$컵)을 부어 중간불로 감자가 반정도 익을 때까지 끓이고,

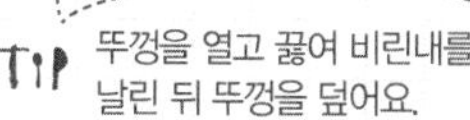

5 감자가 거의 익으면 양파, 새송이버섯을 넣어 5분 정도 끓인 뒤 대파를 넣고 한소끔 끓여 마무리.

TIP 고등어에 국물을 끼얹어 마무리하면 양념이 잘 배고 촉촉해져요.

닭봉버터조림

by. 김선영 선생님 (2010년 11월 10일 방영)

쫄깃쫄깃 뜯어 먹는 재미가 있는 닭봉을
우유에 재워 잡냄새를 날리고
새콤달콤한 소스에 맛있게 조려냈어요.
미리 버터에 한 번 구우면 고소함이 살아난답니다.

☆☆☆☆☆

닭봉을 우유에 미리 재우고 버터에 노릇하게 구우니 고소함이 폭발하네요. 술안주로 이만한 게 없어요! (ID : buwn***)

☆☆☆☆☆

집에서 직접 만들어주니 비용도 줄어들고 재료도 직접 골라서 안심이에요. 버터로 조리니 시중에서 파는 치킨 부럽지 않네요.
(ID : 45ds***)

READY | 3인분

필수 재료
닭봉(500g), 우유($\frac{1}{2}$컵), 버터(4큰술)

양념
간장(4큰술), 설탕(5큰술), 식초(5큰술)

RECIPE

1 닭봉을 우유에 20~30분 정도 재운 뒤 찬물에 헹궈 키친타월로 물기를 제거하고,

2 중간 불로 달군 팬에 버터(4큰술)를 둘러 닭봉을 앞뒤로 노릇하게 굽고,

3 중간 불로 달군 다른 팬에 양념을 넣어 끓이고,

4 끓는 양념에 구운 닭봉을 넣은 뒤 15분 정도 조리고,

5 그릇에 닭봉버터조림을 담아 마무리.

쌀국수샐러드

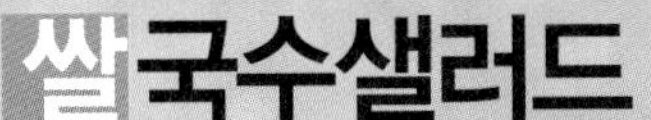

by. 김선영 선생님 (2013년 11월 8일 방영)

상큼한 샐러드에 부드러운 쌀국수를 더하니
한 끼로도 손색없는 일품요리가 완성되었어요.
피시소스와 다진 고추로 매콤한 풍미를 살렸고요,
샐러드채소에 숙주까지 더해 아삭한 식감도 제대로예요.
칼로리가 낮아 다이어트에도 좋답니다.

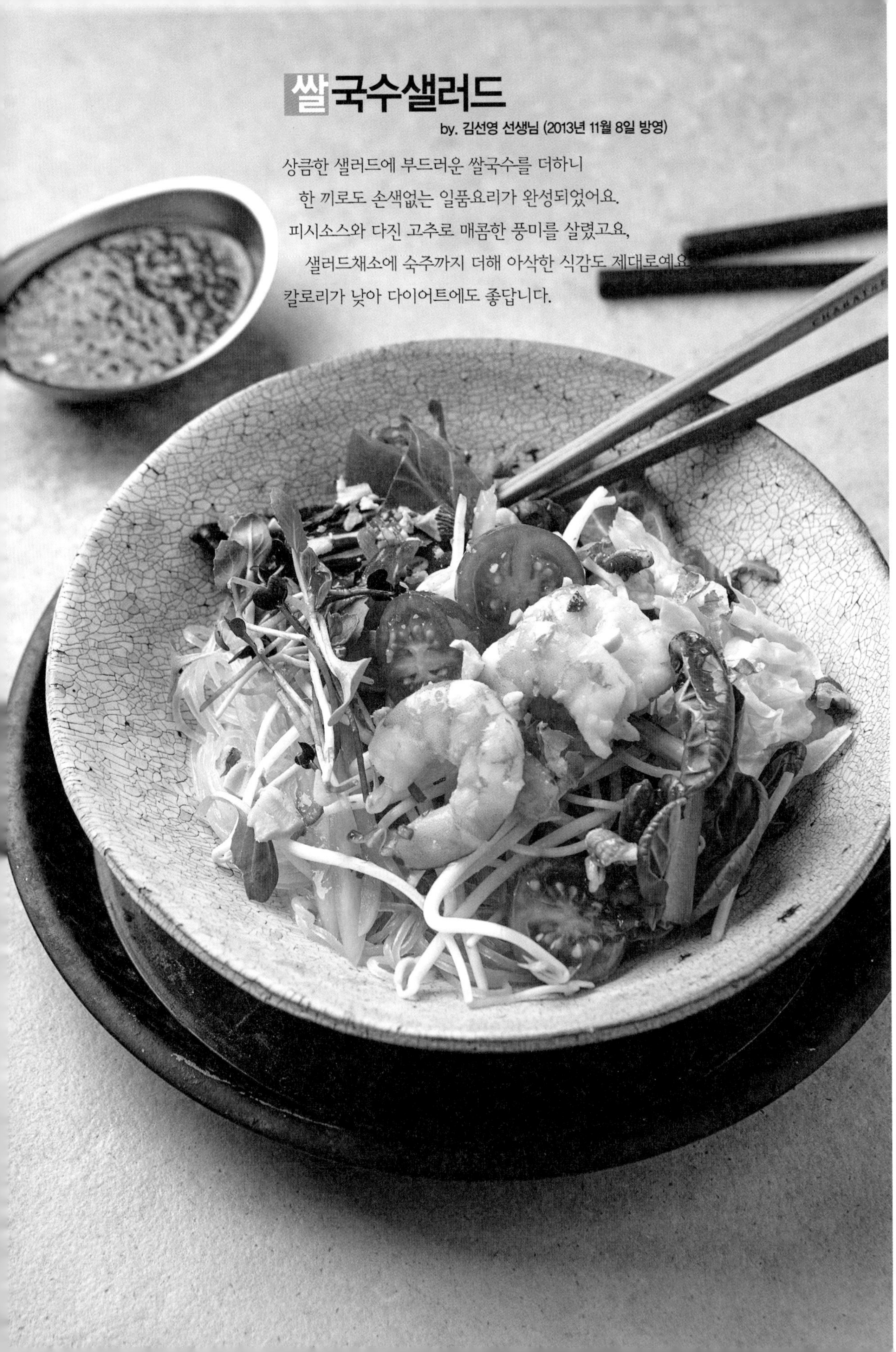

☆☆☆☆☆

먹기도 편하고 칼로리도 낮은 쌀국수와 새우를 더하니 샐러드가 맞나 싶을 정도로 맛있네요. (ID : mkek***)

☆☆☆☆☆

주말에 복잡한 요리하긴 귀찮고 더부룩한 속이 부담된다면 쌀국수 샐러드만한 게 없죠. (ID : wns2***)

READY | 4인분

필수 재료
빨간 파프리카($\frac{1}{2}$개), 노란 파프리카($\frac{1}{2}$개), 방울토마토(6개), 숙주(30g), 양상추(적당량), 치커리(적당량), 라디치오(적당량), 쌀국수(60g), 냉동 새우(6마리)

선택 재료
비타민(적당량), 어린잎채소(적당량), 잘게 썬 견과류(호두, 아몬드, 크렌베리 등 20g)

드레싱
설탕(4큰술), 피시소스(2큰술), 레몬즙(2개 분량), 다진 홍고추(1큰술), 다진 풋고추(1큰술), 다진 마늘(1작은술), 칠리스위트소스(2큰술)

RECIPE

TIP 집에 있는 자투리 채소를 활용해도 좋아요.

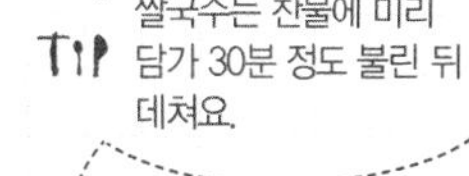

1 파프리카는 채 썰고, 방울토마토는 2등분하고, 숙주는 꼬리를 제거하고,

2 양상추, 치커리, 라디치오는 한입 크기로 찢고, 비타민은 밑동을 잘라 한입 크기로 자르고,

3 쌀국수는 끓는 물에 살짝 데쳐 건진 뒤 찬물에 헹궈 물기를 빼고, 냉동 새우도 살짝 데친 뒤 건지고,

4 **드레싱**을 만들고,

5 그릇에 쌀국수를 담은 뒤 숙주, 손질한 샐러드 채소를 담고,

6 새우, 어린잎채소를 푸짐하게 얹고 잘게 썬 견과류를 고루 뿌린 뒤 드레싱을 곁들여 마무리.

간단한 재료로 근사하게 기분 내고 싶을 때
집에 남은 와인을 이용해보세요.
식감 좋은 닭다릿살을 사과잼 넣은 와인에 푹 조리면
맛은 물론이고 향기와 비주얼까지 완벽하답니다.
맵싸한 청양고추를 듬뿍 넣어 끝맛까지 개운하답니다.

와인닭고기조림

by. 김선영 선생님 (2012년 11월 2일 방영)

☆☆☆☆☆

닭고기를 와인으로 조렸더니 너무 부드럽고 향긋하네요 술안주로도 제격이에요. 양파와 파프리카도 조합이 너무 잘 맞아요. (ID : wnn7***)

☆☆☆☆☆

와인색 머금은 닭고기 조림에 알록달록한 파프리카를 더하니 너무 예쁘네요. 채소가 많이 들어가니 부담도 덜 하고 와인으로 조리니 고기가 순해요. (ID : oek2***)

READY | 4인분

필수 재료
닭다릿살(500g), 양파($\frac{1}{3}$개), 빨간 파프리카(1개), 노란 파프리카(1개)

밑간
소금($\frac{1}{3}$작은술), 후춧가루(약간)

양념
소금(약간)

조림장
청양고추(3개), 레드와인($\frac{1}{2}$컵), 간장(2작은술), 사과잼(1큰술), 물($\frac{1}{2}$컵), 발사믹식초(1큰술).

RECIPE

1 양파는 얇게 채 썰고, 파프리카는 속을 제거한 뒤 채 썰고, 청양고추는 큼직하게 썰고, 닭다릿살은 한입 크기로 썰고,

2 닭다릿살은 **밑간**해 20분 정도 재우고,

TIP 닭고기를 여러 번 뒤집어 구우면 육즙이 빠져 맛이 없어져요.

3 중간 불로 달군 팬에 식용유(2)를 둘러 밑간한 닭다릿살을 앞뒤로 노릇하게 굽고,

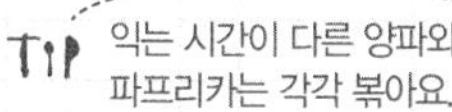

4 중간 불로 달군 팬에 식용유(1큰술)를 둘러 양파, 파프리카는 각각 소금으로 간하며 볶아 꺼내고,

5 같은 팬에 **조림장**을 부어 끓어오르면 구운 닭다릿살을 넣은 뒤 국물이 자작해질 때까지 졸이고,

6 그릇에 볶은 양파와 파프리카를 담고 조린 닭다릿살 넣은 뒤 조림장을 뿌려 마무리.

명란마요비빔밥

by. 김영빈 선생님 (2018년 3월 2일 방영)

환상의 콤비 명란젓과 마요네즈만 있어도 한 끼 거뜬하죠.
여기에 연어를 밑간해 올리고 수란까지 척 올리니
근사한 한 그릇이 완성되었어요.
알싸한 고추냉이가 느끼함까지 확 잡아준답니다.

☆☆☆☆☆

처음엔 수란을 만드는 게 조금 어려웠지만 익숙해지니 근사한 한 끼가 완성됐어요. 연어와 갖은 채소, 명란젓으로 간을 하니 느끼함도 없고 딱 맞네요! (ID : myrm***)

READY | 2인분

필수 재료
연어(260g), 달걀(1개), 어린잎채소(30g), 밥(2공기)

선택 재료
구운 김(1장)

밑간
레몬즙(1큰술), 소금(약간), 흰 후춧가루(약간)

명란마요소스
명란젓(40g), 마요네즈(10큰술), 다진 마늘(2작은술), 흰 후춧가루(약간), 고추냉이(1작은술)

양념
식초(1큰술), 참기름(1작은술), 참깨(약간)

RECIPE

TIP 연어는 선홍빛이 선명하고 흰색 지방이 고루 섞인 게 맛있어요.

1 연어는 한입 크기로 깍둑 썬 뒤 **밑간**하고,

TIP 물회오리가 생기면 달걀을 넣어 익혀주세요.

TIP 수란의 모양이 예쁘지 않을 땐 가위로 다듬어주면 돼요.

2 끓는 소금물에 식초(1큰술)을 넣어 휘저은 뒤 달걀을 깨 넣고 2분 이상 익혀 수란을 만들고,

3 어린잎채소는 얼음물에 담갔다 꺼내 체에 밭쳐 물기를 빼고,

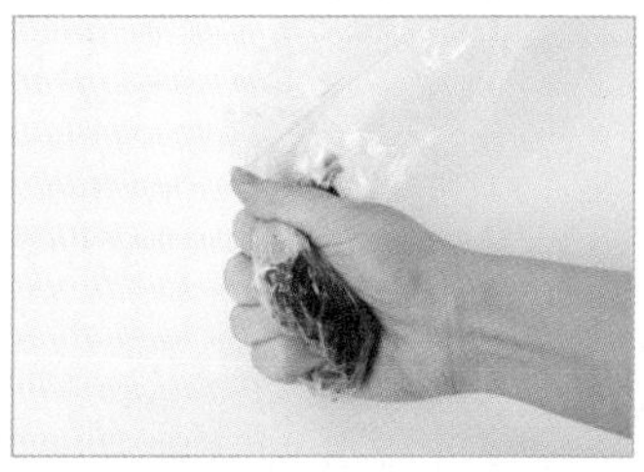

4 구운 김은 비닐봉지에 넣어 잘게 부수고,

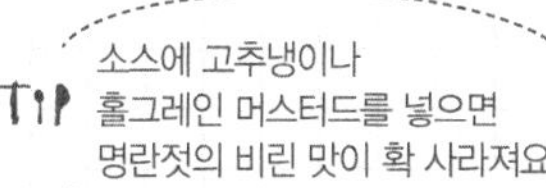

TIP 소스에 고추냉이나 홀그레인 머스터드를 넣으면 명란젓의 비린 맛이 확 사라져요.

5 명란젓은 반으로 갈라 알만 살살 긁어낸 뒤 나머지 **명란마요소스** 재료와 섞고,

6 그릇에 밥을 담은 뒤 밑간한 연어, 어린잎채소, 명란마요소스, 수란, 잘게 부순 김을 고루 올리고,

7 참기름(1작은술)과 참깨(약간)를 뿌려 마무리.

명란크림파스타

by. 안세경 선생님 (2016년 6월 3일 방영)

진하고 고소한 맛이 좋은 크림파스타에
짭조름한 명란을 더하니 맛이 없을 수가 있나요.
다진 양파와 마늘을 넣어 느끼함도 잡았답니다.
새우 대신 버섯 등 좋아하는 재료를 넣어도 좋아요.

RECIPE

1 마늘은 편으로 썰고, 양파는 곱게 다지고, 어린잎채소는 물에 헹궈 체에 밭쳐 물기를 빼고,

TIP 저염 명란젓을 사용할 때 부족한 간은 소금으로 맞춰요.

TIP 새우 머리는 냉동 보관해뒀다가 국물 요리 육수 낼 때 사용하면 좋아요.

TIP 크림소스를 만들 때 생크림과 우유를 같이 넣어주면 적절한 농도를 유지할 수 있어요.

READY | 4인분

필수 재료
마늘(3쪽), 양파($\frac{1}{4}$개), 명란젓(50g), 스파게티(100g)

선택 재료
새우(2개), 어린잎채소(1줌)

양념
소금(1큰술+약간), 후춧가루(약간), 올리브유(1큰술+약간), 다진 마늘(1작은술), 화이트와인(2큰술)

크림소스
생크림(1컵), 우유($\frac{1}{2}$컵)

2 명란젓은 가운데에 칼집을 낸 뒤 칼등으로 살살 긁어 알을 발라내고, 새우는 머리와 껍질, 꼬리를 뗀 뒤 등을 갈라 내장을 제거해 한입 크기로 썰고,

TIP 1분 정도 면을 고루 저어준 뒤 뚜껑을 열어둔 채로 삶아요.

3 끓는 소금물(6컵+소금1큰술)에 스파게티, 올리브유(1큰술)를 넣어 8분 정도 삶아 건진 뒤 올리브유에 버무리고,

4 새우에 소금, 후춧가루를 뿌려 간하고,

5 중간 불로 달군 팬에 식용유(2큰술)를 둘러 마늘을 볶다가 다진 양파와 다진 마늘(1큰술)을 넣어 볶고,

6 명란젓($\frac{1}{2}$분량)을 넣어 살짝 익힌 뒤 화이트와인(2큰술)을 둘러 끓이고,

7 **크림소스** 재료를 넣어 끓어오르면 삶은 스파게티와 나머지 명란젓을 넣어 고루 젓고,

8 후춧가루, 새우를 넣어 새우가 익으면 불을 꺼 그릇에 담고 어린잎채소를 올려 마무리.

감자취나물수프 by. 유창준 선생님 (2018년 7월 12일 방영)

평범한 감자수프에 취나물 하나 더했을 뿐인데
색감도 향도 남다른 수프가 완성되었어요.
취나물은 살짝만 끓여야 고운 초록빛이 나고요,
마지막에 버터를 섞어주면 고소한 풍미가 확 살아요.
취나물 대신 시금치를 넣어도 훌륭하답니다.

☆☆☆☆☆

처음엔 수란을 만드는 게 조금 어려웠지만 익숙해지니 근사한 한 끼가 완성됐어요. 연어와 갖은 채소, 명란젓으로 간을 하니 느끼함도 없고 딱 맞네요! (ID : myrm***)

READY | 4인분

필수 재료
취나물(80g), 감자(600g), 양파(120g),

선택 재료
바게트(15g)

양념
소금(약간), 버터(3큰술), 설탕(1큰술), 우유(2½컵), 생크림(1컵)

RECIPE

TIP 수프를 만들 때 감자나 단호박을 넣으면 수프의 농도를 쉽게 맞출 수 있어요.

1 취나물은 한입 크기로 썰고, 감자는 깍둑 썰고, 양파는 채 썰고, 바게트 빵은 한입 크기로 자르고,

TIP 취나물은 오래 끓이면 색이 까맣게 변하니 살짝만 끓여요.

2 끓는 물에 감자, 소금을 넣어 5분 정도 삶은 뒤 곱게 으깨고,

3 냄비에 버터(2큰술), 채 썬 양파, 으깬 감자를 넣어 볶고,

4 우유(2½컵), 설탕(1큰술), 소금, 생크림(½컵)을 넣어 끓어오르면 취나물을 넣어 살짝 더 끓이고,

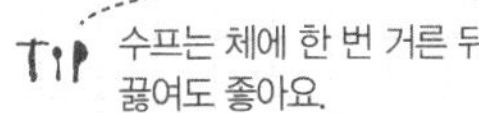

TIP 수프는 체에 한 번 거른 뒤 끓여도 좋아요.

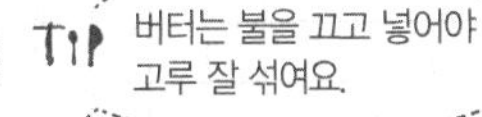

TIP 버터는 불을 끄고 넣어야 고루 잘 섞여요.

5 불을 끄고 한 김 식힌 뒤 핸드 믹서로 곱게 갈고,

6 냄비에 곱게 간 취나물, 물(1컵)을 부어 끓어오르면 남은 생크림(½컵)을 넣어 한소끔 끓이고,

7 불을 끈 뒤 남은 버터(1큰술)를 넣어 고루 섞고 그릇에 담은 뒤 바게트를 곁들여 마무리.

TIP 수프는 국자로 떴을 때 주르륵 흘러내리는 정도가 적당해요.

김치비빔국수

by. 유창준 선생님 (2018년 7월 9일 방영)

간단하게 한 끼 해결하고 싶을 때나
출출할 때 야식으로 비빔국수만 한 게 없죠.
잘 익은 김치를 송송 썰어 넣어 식감을 더했어요.
양념장에도 김칫국물을 넣어주면 감칠맛도 살고
소면에 양념이 촉촉하게 배어들어 더 맛있어요.

☆☆☆☆☆

평범한 국수는 싫고 입맛은 없는 날에 딱이에요. 새콤달콤하고 김치가 올라가 식감도 좋네요. **(ID : wen2***)**

READY | 4인분

필수 재료
배추김치(300g), 소면(320g)

선택 재료
오이($\frac{1}{3}$개), 참깨(약간)

양념장
김칫국물($\frac{1}{2}$컵)+설탕(2큰술)+식초(3큰술)+참기름(3큰술)+고추장(1$\frac{1}{2}$큰술)+다진 마늘($\frac{1}{2}$큰술)

RECIPE

1 배추김치는 얇게 채 썰고, 오이는 돌려 깎아 얇게 채 썰고,

2 **양념장**을 만들고,

3 끓는 물에 소면을 넣어 끓어오르면 찬물을 2~3번 나눠 넣어가며 2분 정도 삶고,

4 삶은 소면은 흐르는 물에 비벼가며 씻은 뒤 체에 밭쳐 물기를 빼고,

5 양념장에 삶은 소면을 넣어 고루 버무린 뒤 그릇에 담고,

6 채 썬 오이를 올리고 참깨를 뿌려 마무리.

명란장조림

by. 이순옥 선생님 (2018년 7월 17일 방영)

명란으로 만든 장조림이라니 조금 생소하시죠?
소고기 장조림과는 다른 매력의 밥도둑이랍니다.
짜지 않고 달콤하게 조려내 폭신폭신하고
속까지 양념이 가득 배어 있어요.
아이들과 함께 먹을 땐 고추는 빼고 만들어요.

☆☆☆☆☆

명란젓도 아니고 알탕도 아닌 명란만의 특별한 맛을 느꼈어요. 특히 염도가 낮아서 아이들한테 먹이기에도 안심이에요. (ID : sunk***)

READY | 4인분

필수 재료
명란(300g), 꽈리고추(20g), 마늘(5쪽), 홍고추(1개)

향신채
건고추(1개), 생강($\frac{1}{2}$톨), 대파(1대)

양념
소금(1큰술), 청주(2큰술), 물엿($\frac{1}{2}$큰술), 참깨(약간)

조림장
설탕(1$\frac{1}{2}$큰술), 간장(3큰술), 생강즙(1작은술), 물엿($\frac{1}{2}$큰술)

RECIPE

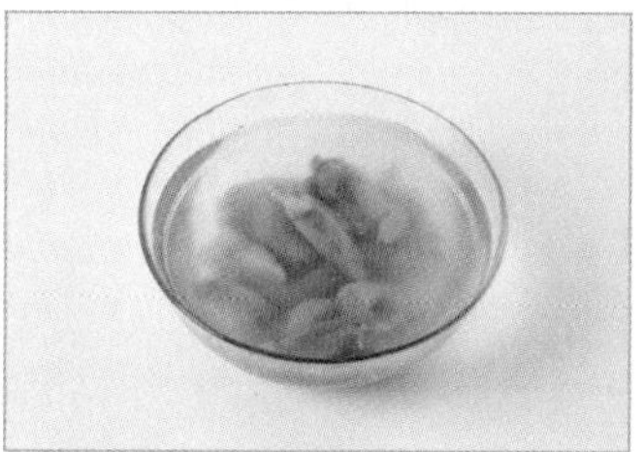

1 소금물(6컵+소금1큰술)에 명란젓을 살살 씻어 체에 밭쳐 물기를 빼고,

2 꽈리고추는 반으로 어슷 썰고, 마늘은 반으로 썰고, 홍고추는 어슷 썰고,

TIP 명란을 향신채와 함께 데쳐주면 비린내가 제거되고 모양이 그대로 살아 있어요.

3 끓는 물에 향신채와 청주(2큰술)를 넣어 2분 정도 끓인 뒤 센 불로 올려 명란을 살짝 데쳐 건지고,

4 센 불로 달군 팬에 물(1$\frac{1}{2}$컵)을 부은 뒤 **조림장** 재료를 넣어 10분 정도 끓이고,

TIP 명란에 조림장이 고루 스며들도록 뒤집어가며 조려주세요.

5 데친 명란을 넣어 앞뒤로 고루 익힌 뒤 마늘, 물엿($\frac{1}{2}$큰술)을 넣어 센 불에서 조리고,

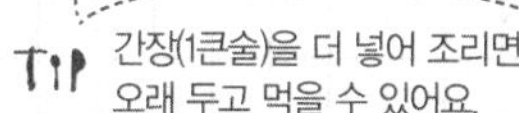

TIP 간장(1큰술)을 더 넣어 조리면 오래 두고 먹을 수 있어요.

6 조린 명란에 어슷 썬 홍고추, 꽈리고추를 넣어 한소끔 끓이고 참깨(약간)를 뿌려 마무리.

미트볼조림

by. 이재훈 선생님 (2017년 12월 28일 방영)

미트볼은 보통 토마토소스를 곁들여 먹죠?
조금 색다르게 두반장소스에 버무렸더니
매콤하면서도 짭조름한 맛이 밥이랑도 잘 어울려요.
별미 요리가 생각날 때 만들어보세요.

☆☆☆☆☆

매번 달달한 맛으로만 먹던 미트볼도 두반장을 넣으니 색다른 맛이었어요. 아이들도 처음엔 달달한 맛만 찾더니 이젠 두반장 소스를 더 찾네요. (ID : sunk***)

READY | 4인분

필수 재료
다진 돼지고기(150g), 두부(50g), 양파(40g), 청양고추(10g)

밑간
간장(1큰술), 생강즙(1큰술), 후춧가루(약간), 다진 마늘($\frac{1}{2}$큰술)

소스
설탕(1큰술)+다진 생강($\frac{1}{3}$큰술)+후춧가루(약간)+다진 마늘(1큰술)+간장(1큰술)+맛술(2큰술)+두반장(2큰술)+물($\frac{1}{2}$컵)

양념
참기름(1큰술)

RECIPE

1 다진 돼지고기는 **밑간**해 고루 섞고,

2 두부는 으깬 뒤 면포에 물기를 꼭 짜고, 양파와 청양고추는 잘게 다지고,

3 밑간한 돼지고기에 두부를 골고루 섞어 미트볼 반죽을 만들어 한입 크기로 동그랗게 빚고,

4 **소스**를 만들고,

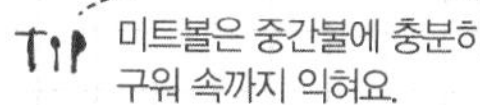

TIP 미트볼은 중간불에 충분히 구워 속까지 익혀요.

5 중간 불로 달군 팬에 올리브유(2)를 둘러 미트볼을 돌려가며 노릇하게 구워 꺼내고,

6 중간 불로 달군 팬에 올리브유(1)를 둘러 다진 양파와 청양고추를 볶다가 향이 올라오면 소스를 부어 한소끔 끓이고,

7 끓인 소스에 구운 미트볼을 넣고 소스를 끼얹어가며 조린 뒤 참기름(1큰술)을 둘러 마무리.

이태리식 조개스튜

by. 이재훈 선생님 (2017년 12월 28일 방영)

삼면이 바다로 둘러싸여 해산물을 즐겨 먹는 이탈리아는
우리와도 입맛이 참 잘 맞는데요.
올리브유와 화이트와인으로 풍미를 살려
푸짐한 조개스튜를 끓여보세요.
익숙한 듯 새로운 시원한 감칠맛에 술 한잔이 절로 생각나네요.

☆☆☆☆☆

조개와 바지락이 듬뿍 들어가 시원하면서도 감칠맛이 제대로에요; 술 한잔 곁들이면 그야말로 최고의 안주예요! (ID : lgkk***)

☆☆☆☆☆

선선한 날에 오랜만에 집에 놀러온 친구들과 함께 먹을만한 요리로 딱이었어요. 보기도 너무 예쁜데다가 감칠맛까지 적절하게 어우러진 국물에 다들 엄지 척~ 서로 인증샷 찍기에 바빴죠. (ID : eod2***)

READY | 2~3인분

필수 재료
모시조개(70g), 바지락(100g), 새우(30g), 마늘(5쪽), 방울토마토(3개), 바질(5g),

선택 재료
아스파라거스(30g), 레몬(20g)m 그린올리브(5개)

양념
화이트와인(2큰술), 소금(약간), 후춧가루(약간), 엑스트라 버진 올리브유(1큰술), 버터(1큰술)

RECIPE

1 모시조개와 바지락은 소금물(물1.5ℓ+소금1.5큰술)을 넣어 3시간 정도 해감하고,

2 새우는 머리와 껍질을 제거한 뒤 등에 칼집을 내 내장을 제거하고,

3 아스파라거스는 껍질을 제거한 뒤 어슷 썰고, 레몬은 웨지모양으로 썰고, 방울토마토는 2등분하고, 마늘은 살짝 으깨고, 그린올리브는 굵게 다지고,

4 중간 불로 달군 팬에 올리브유(2큰술)를 둘로 으깬 마늘을 넣어서 볶다가 새우, 바지락, 모시조개, 화이트 와인(2큰술), 물(1$\frac{1}{2}$ 컵)을 넣어 끓이고,

5 조개가 입을 벌리면 바질, 방울토마토, 그린올리브, 아스파라거스, 소금(약간), 후춧가루(약간)를 넣어 한소끔 끓이고,

6 엑스트라 버진 올리브유(1큰술), 버터(1큰술)를 넣어 1분 정도 끓이고 그릇에 담은 뒤 레몬을 올려 마무리.

TIP 엑스트라 버진 올리브유, 버터를 넣으면 향도 좋고 국물의 농도를 맞춰줘요.

라이스달걀찜

by. 임미자 선생님 (2013년 4월 25일 방영)

먹고 애매하게 남은 천덕꾸러기 찬밥을
해결해주는 해결사 메뉴!
달걀과 자투리 채소를 넣어 뭉근하게 쪄내면
입이 깔깔한 아침에 먹기에도 부담 없어요.
이것저것 반찬도 필요 없고 김치 하나만 딱 준비해요.

☆☆☆☆☆

냉장고에 남는 재료와 처리하기 곤란한 밥까지 넣으니 달걀찜 하나 뚝딱! 한입 떠먹을 때마다 속이 개운하네요. 파를 많이 넣으니 더욱 맛있었어요. (ID : rick***)

☆☆☆☆☆

달걀찜은 맛있지만 늘 무언가 2% 부족한 느낌이었어요. 그 해답을 드디어 찾았죠. 밥을 넣고 달걀찜을 만드니 식감도 훨씬 좋고 든든하더라고요. 이젠 아침엔 바쁘더라도 꼭 한 번씩 해 먹어요. (ID : o3ei***)

READY | 2인분

필수 재료
달걀(2개), 쪽파(2대), 밥($\frac{1}{2}$공기)

선택 재료
당근($\frac{1}{5}$개), 표고버섯(1개)

다시마육수 재료
다시마(1장=5×5cm), 물(2컵)

양념
소금($\frac{1}{2}$작은술)

RECIPE

1 다시마는 흰 가루분을 면포로 닦은 뒤 물(2컵)에 담가 30분~1시간 정도 우리고,

2 쪽파는 송송 썰고, 당근은 잘게 다지고, 표고버섯은 밑동을 제거한 뒤 잘게 다지고,

3 달걀은 고루 푼 뒤 다시마육수($1\frac{1}{2}$컵)와 섞어 소금($\frac{1}{2}$작은술)으로 간하고,

TIP 뚝배기에 참기름을 약간 발라주면 달걀찜이 달라붙지 않아 먹기 편해요.

4 손질한 채소와 밥, 달걀물을 넣어 고루 섞고,

5 뚝배기에 참기름을 둘러 달걀밥물을 넣은 뒤 가볍게 저어가며 중간 불로 익히고,

6 뚜껑을 덮고 약한 불로 줄여 2~3분 정도 뜸을 들이고 송송 썬 쪽파를 얹어 마무리.

TIP 가볍게 저어주면 뚝배기에 눌어붙지 않아요. 단, 너무 많이 저으면 달걀찜이 풀어질 수 있어요.

전복찌개

by. 임미자 선생님 (2013년 4월 23일 방영)

고급식재료였던 전복을 이젠 착한 가격으로
마트에서 심심치 않게 볼 수 있어요.
전복을 듬뿍 넣어 시원하고
된장의 구수함으로 간한 찌개를 끓여보세요.
오래 삶으면 질겨지니 재빨리 건져 먹고,
국물까지 싹싹 비워 원기 충전 톡톡히 하세요.

☆☆☆☆☆

해장이 필요한 날이나 손님상으로 근사한 찌개 하나 끓이고 싶은 날 전복찌개 하나면 걱정 없더라고요. 새우랑 다른 해산물도 넣으니 맛이 더욱 깊어졌어요. (ID : dbkk***)

☆☆☆☆☆

보기랑 달리 생각보다 만들기 참 쉬웠어요. 전복 손질이 조금 서툴긴 했지만 그 이후엔 채소 송송 썰고 팔팔 끓이면 되더라고요. 맛은 당연히 최고였죠. 시원한 그 맛을 못 잊어 주말마다 이젠 가족들이 전복찌개를 찾네요. (ID : 22wp***)

READY | 4인분

필수 재료
전복(4개), 새우(4마리), 무(1토막), 대파(1½대), 풋고추(1개)

선택 재료
미더덕(100g), 홍고추(1개)

양념
된장(2큰술), 고춧가루(1작은술), 소금(½작은술), 다진 마늘(1큰술), 청주(1큰술)

RECIPE

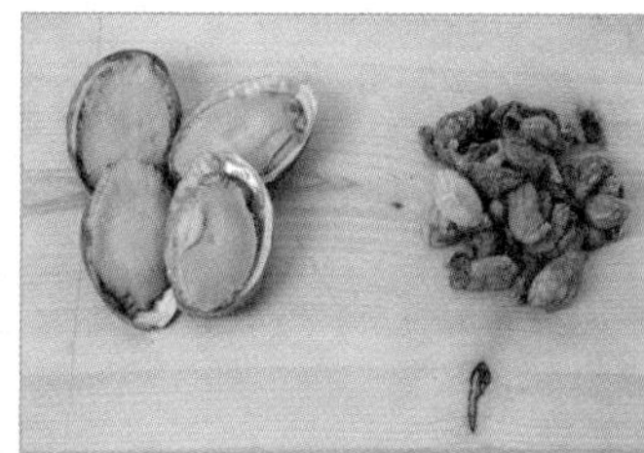

1 전복은 껍질째 바깥쪽과 안쪽을 솔로 깨끗이 씻고, 미더덕은 깨끗이 씻어 건지고,

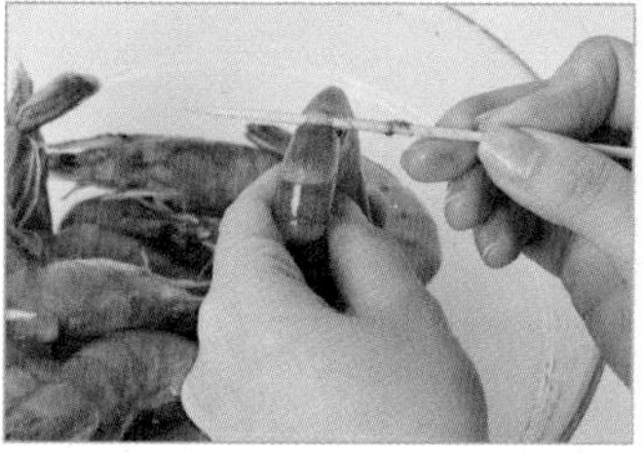

2 새우는 머리, 뿔을 제거한 뒤 등 쪽 두 번째 마디에 이쑤시개를 찔러 내장을 제거하고,

3 무는 나박 썰고, 대파와 풋고추, 홍고추는 어슷 썰고,

TIP 된장의 염도에 따라 양을 가감해요.

4 냄비에 물(4컵)을 부은 뒤 된장(2큰술)을 고루 풀어 나박 썬 무를 넣고 뚜껑을 덮어 센 불에서 5분 정도 끓이고,

5 손질한 해산물과 고춧가루(1작은술), 소금(½작은술), 다진 마늘(1큰술), 청주(1큰술)를 넣어 끓어오르면 중간 불로 줄여 5분 정도 더 끓이고,

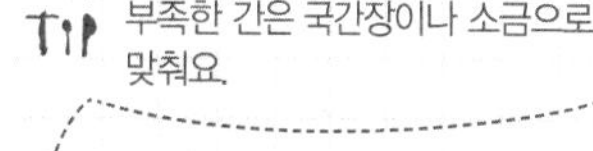

TIP 부족한 간은 국간장이나 소금으로 맞춰요.

6 손질한 채소를 넣고 한소끔 끓어오르면 그릇에 담아 마무리.

TIP 취향에 따라 두부나 호박 또는 쑥갓을 얹어도 좋아요.

통조림 꽁치 김치찌개

by. 임미자 선생님 (2016년 7월 13일 방영)

찬장 속 한두개 쯤은 늘 자리잡고 있는
통조림 꽁치로 끓이는 국민 일품요리 김치찌개예요.
통조림 국물로 김치를 달달 볶아야 진한 국물 맛이 잘 우러난답니다.
흰 쌀밥에 꽁치 살과 김치를 척 올려서 한 수저 크게 떠보세요.
미슐랭 가이드 부럽지 않은 맛에 깜짝 놀라실 거예요.

☆☆☆☆☆

김치찌개는 먹고 싶은 데 무언가 맛을 더 내고 싶을때 통조림 꽁치 한 캔이면 밥도둑이 따로 없더라고요. (ID : tjrm***)

☆☆☆☆☆

마트에서 간단히 통조림 꽁치 하나만 사서 김치찌개 뚝딱 끓여내면 밥 두공기가 금방이더라고요. 짭조름하고 칼칼하면서 새콤한 그 맛을 잊지 못하겠네요. (ID : wkd7***)

READY | 4인분

필수 재료

김치(300g), 두부(100g), 통조림 꽁치(1캔), 대파(1대), 홍고추(½개)

선택 재료

양파(¼개), 감자(1개), 청양고추(2개)

양념

설탕(1작은술), 소금(¼작은술), 고춧가루(1큰술), 청주(2큰술), 다진 마늘(1큰술), 다진 생강(½큰술), 된장(1큰술), 고추장(1큰술), 후춧가루(½작은술)

RECIPE

TIP 익은 김치를 이용하면 더욱 맛이 좋아요. 김치가 너무 실 땐 설탕을 넣어주세요.

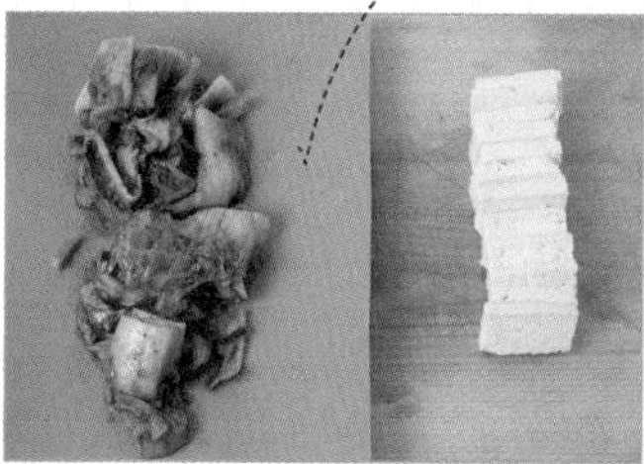

1 김치와 두부는 한입 크기로 썰고,

2 양파와 감자는 큼직하게 썰고, 대파와 홍고추, 청양고추는 어슷 썰고,

TIP 통조림 국물에 김치를 볶아주면 감칠맛이 살아요.

3 중간 불로 달군 냄비에 통조림 국물, 김치를 넣어 볶다가 물(4컵)을 부어 끓이고,

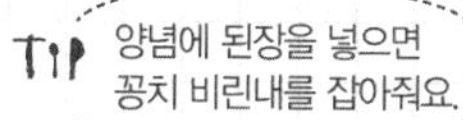

TIP 양념에 된장을 넣으면 꽁치 비린내를 잡아줘요.

4 후춧가루를 제외한 **양념**을 고루 섞고,

5 국물이 끓어오르면 감자, 양파, 통조림 꽁치, 양념을 넣어 끓이고,

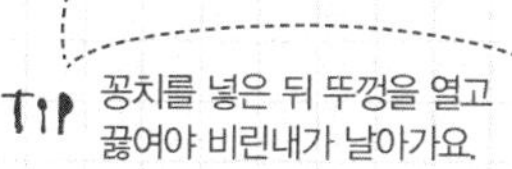

TIP 꽁치를 넣은 뒤 뚜껑을 열고 끓여야 비린내가 날아가요.

6 손질한 대파와 두부, 홍고추, 청양고추를 넣어 끓어오르면 후춧가루(½작은술)를 뿌리고 한소끔 끓여 마무리.

TIP 후춧가루를 맨 마지막에 넣으면 비린내를 잡아줘요.

바싹양파튀김

by. 임미자 선생님 (2015년 6월 19일 방영)

그냥 먹어도 맛있는 양파링에 파슬리와 검은깨로
색과 향을 더했어요.
고기요리에 곁들여도 좋고 간식이나 술안주로도 추천!
튀김옷에 맥주를 더하면 튀김이 더 바삭해진답니다.

☆☆☆☆☆

양파 잘 못먹는 아이들도 튀김으로 하니 간식으로도 딱이고 술 안주로도 제격이더라고요. 파슬리나 후추를 많이 뿌릴 수록 맛이 좀 더 살아났어요. (ID : lwke***)

☆☆☆☆☆

우선 바싹양파튀김은 보기에 너무 예뻐요. 손님상에 내놓기에도 적당히 부담스럽지 않고요. 만들기도 간편하면서 맛도 최고예요. (ID : ppsw***)

READY | 4인분

필수 재료
양파(1개), 튀김가루(약간)

선택 재료
파슬리가루(2큰술), 검은깨(2큰술)

튀김옷 재료
튀김가루(1컵), 달걀흰자(1개), 맥주(1컵), 빵가루(3컵)

소스
설탕($\frac{1}{2}$큰술)+레몬즙(1큰술)+식초(1큰술)+간장(1큰술)

RECIPE

1 양파는 링 모양으로 동그랗게 썰어 낱낱이 분리한 뒤 튀김가루를 골고루 입히고,

TIP 맥주를 넣으면 식감이 더 바삭해져요. 날가루가 없을 때까지 골고루 섞어요.

2 빵가루를 제외한 **튀김옷 재료**를 섞어 반죽을 만든 뒤 양파를 넣어 골고루 옷을 입히고,

3 빵가루를 반으로 나눈 뒤 파슬리가루(2큰술), 검은깨(2큰술)를 각각 넣어 섞고,

4 옷을 입힌 양파를 넣어 각각 묻히고,

TIP 기름 온도가 높을 때 재빨리 튀겨주세요.

5 젓가락을 넣었을 때 4~5초 뒤에 기포가 올라오면 적당한 온도예요.

6 그릇에 양파튀김을 담고 **소스**를 곁들여 마무리.

수제비짬뽕

by. 임미자 선생님 (2015년 2월 26일 방영)

해물이 듬뿍 들어가 시원한 맛이 일품인 짬뽕에
수제비를 더해 든든하게 즐겨보세요.
낙지는 마지막에 넣어 살짝만 익혀야 부드럽고요
수제비 반죽에 육수를 더하면 감칠맛이 확 살아요.

RECIPE

1 냄비에 물(15컵)과 **육수 재료**를 넣어 20분 정도 끓이다가 건더기만 걸러 국물은 한 김 식혀두고,

TIP 반죽을 만들 때 육수를 넣으면 좀 더 구수하고 깊은 맛이 나요.

2 **수제비 반죽 재료**와 육수($\frac{3}{4}$컵)를 고루 섞어 수제비 반죽을 만든 뒤 비닐봉지에 넣어 냉장실에서 30분 정도 숙성시키고,

READY | 4인분

필수 재료
홍합(300g), 낙지(1마리), 배추(30g), 양파(1개), 대파(1대)

육수 재료
국물용 멸치(10마리), 양파(1개), 마늘(5쪽), 건표고버섯(3개), 대파(1대)

수제비 반죽 재료
중력분(2컵), 소금(약간), 소주(1큰술), 식용유(1큰술)

양념장
고추장(1작은술)+고춧가루(2큰술)+국간장(1큰술)+다진 마늘(1큰술)+소주(1큰술)

양념
소금(약간)

3 홍합은 깨끗이 씻어 준비하고, 낙지는 밀가루로 바락바락 문지른 뒤 헹궈 준비하고,

4 배추는 큼직하게 한입 크기로 썰고, 양파는 굵게 채 썰고, 대파는 어슷 썰고,

5 약한 불로 달군 냄비에 식용유(0.3)를 둘러 **양념장**을 넣어 볶다가 물(약간)을 넣어 바글바글 끓이고,

6 육수(8컵)와 굵직하게 썬 배추를 넣은 뒤 끓어오르면 수제비 반죽을 한입 크기로 떼어 넣고,

7 수제비 반죽이 떠오르면 채 썬 양파와 홍합을 넣고 다시 끓어오르면 어슷 썬 대파, 낙지를 넣고,

TIP 낙지는 오래 끓이면 질겨지니 살짝만 끓여주세요.

8 소금으로 간하고 그릇에 담아 마무리.

매운돼지갈비찜

by. 임효숙 선생님 (2013년 3월 27일 방영)

채소의 은은한 단맛과 표고버섯의 향의 조화가
잘 어우러지는 손님상 강력추천 일품요리예요.
건고추로 매운 향을 내면 텁텁함이 없어 먹는 내내 참 깔끔하답니다.
고기는 뭉근한 불에 푹 익혀야 뼈를 발라 먹기 좋아요.

RECIPE

TIP 돼지갈비는 물에 3~4시간 정도 담가 핏물을 충분히 제거한 뒤 준비해요.

1 핏물 뺀 돼지갈비에 칼집을 낸 뒤 소금(약간), 후춧가루(약간)로 간하고,

READY | 3인분

필수 재료
돼지갈비(400g), 당근($\frac{1}{2}$개), 양파(1개), 불린 표고버섯(4개), 건고추(2개)

선택 재료
다진 청양고추(1큰술), 볶은 은행(적당량)

양념
소금(약간), 후춧가루(약간), 굵은 고춧가루(3큰술)

양념장
설탕(1$\frac{1}{2}$큰술), 물(1컵), 간장(3큰술), 배즙(3큰술), 다진 파(3큰술), 다진 마늘(4큰술), 다진 생강(1큰술), 물엿(2큰술), 매실청(2큰술), 참기름(2큰술)

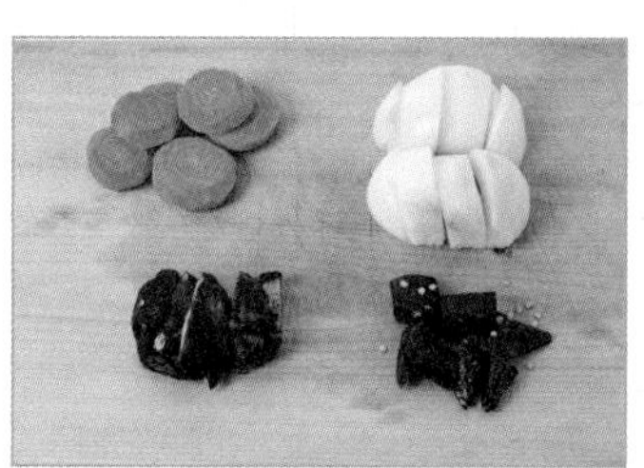

2 당근은 한입 크기로 썬 뒤 모서리를 도려내고, 양파는 큼직하게 썰고, 불린 표고버섯은 한입 크기로 썰고, 건고추는 4등분하고,

3 **양념장** 재료를 고루 섞고,

TIP 돼지고기를 넣은 뒤 건고추는 건져주세요.

4 중간 불로 달군 팬에 식용유(2큰술)를 둘러 건고추를 볶아 향을 낸 뒤 돼지고기를 넣어 볶고,

TIP 돼지갈비를 구워주면 육즙이 빠지지 않고 찜을 했을 때 더 쫄깃쫄깃하고 고소해요.

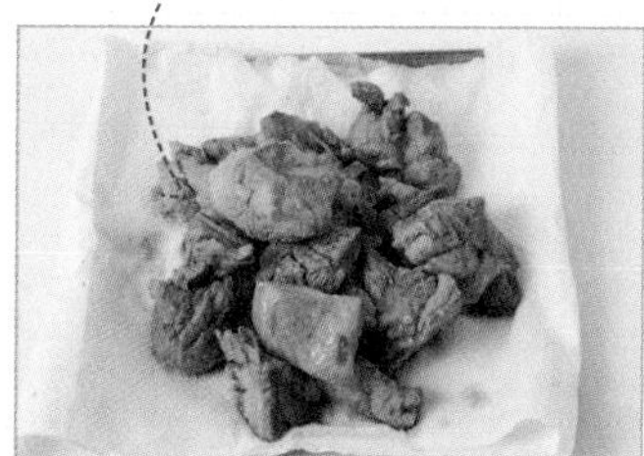

5 돼지갈비의 색이 변하고 겉이 노릇해질 때까지 앞뒤로 구워 건진 뒤 키친타월에 올려 기름기를 제거하고,

6 구운 돼지갈비에 양념장($\frac{1}{2}$분량)을 넣어 1시간 정도 재우고,

7 냄비에 재운 돼지갈비, 당근, 표고버섯을 넣어 10분 정도 익힌 뒤 나머지 양념장을 넣어 센 불에서 끓이고,

8 양파를 넣고 뚜껑을 덮어 5분 정도 끓인 뒤 굵은 고춧가루(3큰술), 다진 청양고추(1큰술), 볶은 은행을 올려 마무리.

매운어묵덮밥

by. 전진주 선생님 (2018년 8월 22일 방영)

어묵 하나만 있으면 중화풍 일품요리가 뚝딱 완성돼요.
매콤한 고추기름으로 볶아 감칠맛이 살아나고
전분을 살짝 섞으니 윤기가 자르르 흐르네요.
향긋한 깻잎을 채 썰어 살포시 올려주면 맛도 비주얼도 쑤욱 업그레이드된답니다.

RECIPE

1 어묵, 대파는 어슷 썰고, 오이고추는 반으로 갈라 어슷 썰고, 마늘은 칼등으로 살짝 으깨고,

READY | 3인분

필수 재료
사각 어묵(120g), 대파(1대), 오이고추(2개), 마늘(25g), 깻잎(4장), 양파(60g), 느타리버섯(1줌), 밥(2공기)

양념
고추기름(3큰술), 참깨(약간), 참기름(약간)

양념장
간장(1큰술), 전분($\frac{1}{2}$큰술), 올리고당(3큰술), 고추장($1\frac{1}{2}$큰술), 고춧가루(1큰술), 다시마 우린 물(1컵)

2 깻잎은 꼭지를 제거한 뒤 돌돌 말아 채 썰고, 양파는 얇게 채 썰고, 느타리버섯은 낱낱이 가르고,

TIP 양념장을 만들 때전분을 넣어주면 덮밥의 농도를 손쉽게 맞출 수 있어요.

3 어묵은 끓는 물에 살짝 데친 뒤 체에 밭쳐 물기를 빼고,

4 **양념장**을 만들고,

5 중간 불로 달군 팬에 식용유(1큰술)를 둘러 으깬 마늘, 양파, 대파를 넣어 볶고,

6 향이 올라오면 센 불로 올려 데친 어묵, 느타리버섯, 고추기름(3큰술)을 넣어 한 번 더 볶고,

7 양념장, 오이고추, 참깨(약간), 참기름(약간)을 넣어 한소끔 끓이고,

8 그릇에 밥을 담은 뒤 먹기 좋게 곁들이고 채 썬 깻잎을 올려 마무리.

TIP 버섯은 센 불에 볶아주면 수분이 빠져 나와 크기가 줄어들어요.

TIP 부족한 간은 소금으로 맞춰요.

비빔당면

by. 정미경 선생님 (2017년 12월 14일 방영)

간단하게 끼니를 해결하고 싶은 날에
딱 맞는 초스피드 메뉴예요.
냉장고 속 자투리 채소를 탈탈 털고 당면만 준비해주세요.
매끄러운 당면과 아삭한 채소들, 새콤한 겨자소스의 삼박자가 잘 맞아 떨어진답니다.
단무지를 쫑쫑 채 썰어 곁들이면 훨씬 더 맛있어요.

☆☆☆☆☆

그야말로 집안 곳곳에 남은 재료를 몽땅 털어넣어서 간단하게 만들기에 딱인 요리였어요. (ID : bmbw***)

☆☆☆☆☆

요즘 제 몸이 말이 아니라서 다이어트를 시작했어요. 칼로리를 최대한 신경 쓰면서 다양한 재료를 넣었더니 뚝딱 맛있는 비빔당면이 완성됐어요. 당분간 다이어트는 비빔당면과 계속할 것 같아요. (ID : eokd***)

READY | 2인분

필수 재료
양파($\frac{1}{4}$개), 부추(50g), 게맛살(3개), 삶은 당면(150g)

소스
간장($\frac{1}{2}$작은술), 연겨자(1작은술), 다진 마늘(1큰술), 설탕($1\frac{1}{2}$큰술), 식초(2큰술), 소금($\frac{1}{4}$작은술), 참기름($\frac{1}{2}$큰술)

RECIPE

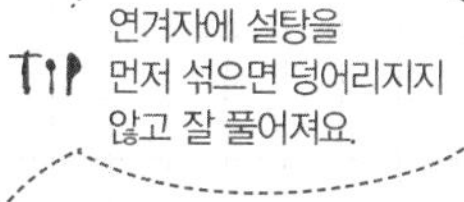

TIP 연겨자에 설탕을 먼저 섞으면 덩어리지지 않고 잘 풀어져요.

1 양파는 곱게 채 썰고, 부추는 한입 크기로 썰고, 게맛살은 결대로 찢고,

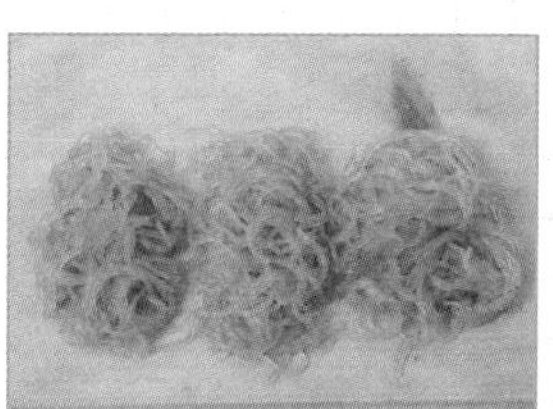

2 삶은 당면은 한입 크기로 썰고,

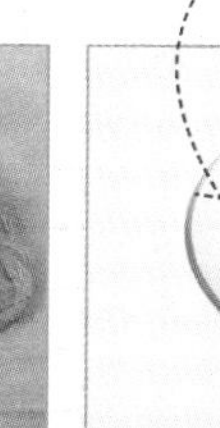

3 **소스**를 만들고,

4 삶은 당면에 채 썬 양파, 부추, 게맛살, 소스를 넣어 고루 버무려 마무리.

어묵콩나물찜

by. 정미경 선생님 (2016년 1월 19일 방영)

반찬, 국, 아이들 간식으로도 활용 만점 어묵.
늘 쟁여두는 1등 식재료죠?
달달한 떡볶이 양념에 어묵을 듬뿍 넣고
멸치육수와 콩나물로 시원한 맛을 더해주면
온 가족 젓가락을 사로잡는 식탁 위의 메인 요리가 된답니다.

☆☆☆☆☆

떡볶이 양념으로 어묵 듬뿍 넣고 갖은 채소와 콩나물을 넣으니 반찬으로도 안주로도 좋았어요. (ID : bmbw***)

☆☆☆☆☆

콩나물이라서 몸도 가볍고 떡볶이보다 양념이 잘 배어서 훨씬 맛있었어요. (ID : xp2f***)

READY | 4인분

필수 재료
콩나물(200g), 어묵(200g), 대파($\frac{1}{2}$대), 양파($\frac{1}{2}$개)

선택 재료
미나리(100g), 멸치육수(2컵)

양념장
전분(2큰술), 물(2큰술)

양념장
설탕($\frac{1}{2}$큰술), 고춧가루(1$\frac{1}{2}$큰술), 후춧가루(약간), 소금(약간), 간장(1$\frac{1}{2}$큰술), 다진 마늘(1큰술), 다진 생강(1작은술), 고추장(2큰술), 올리고당(1큰술)

양념
참기름(1작은술), 참깨(1작은술)

RECIPE

TIP 콩나물은 줄기만 남겨야 비린내가 날아가고 아삭한 식감이 살아요.

TIP 콩나물 데친 육수는 버리지 말고 남겨두세요.

1 콩나물은 머리와 꼬리를 떼고, 어묵은 한입 크기로 썰고, 대파와 미나리는 4~5cm 길이로 썰고, 양파는 굵게 채 썰고,

2 냄비에 멸치육수(1컵)를 부은 뒤 콩나물을 데쳐 건지고,

3 **양념장**을 만들고,

4 중간 불로 달군 팬에 식용유($\frac{1}{2}$작은술)를 둘러 어묵을 볶다가 채 썬 양파를 넣어 볶고,

TIP 재료를 볶아 넣으면 재료 본연의 맛과 식감이 잘 살아요.

5 콩나물 데친 육수와 나머지 멸치 육수, 양념장을 넣어 끓어오르면 전분물을 조금씩 넣어가며 농도를 맞추고,

6 불을 끈 뒤 데친 콩나물, 미나리, 대파를 섞고 참기름(1작은술), 참깨(1작은술)를 뿌려 마무리.

고구마단호박 컵피자

by. 정미경 선생님 (2018년 5월 3일 방영)

달큰한 단호박에 각종 재료를 썰어 넣고
토마토소스와 치즈를 올려 구우니
든든한 컵피자가 완성되었어요.
고소한 치즈 향에 아이들도 좋아하고
집에 있는 자투리채소를 마음껏 활용할 수 있어
냉파요리로도 제격이에요.

READY | 4인분

필수 재료
단호박(250g), 고구마(230g), 햄(150g), 양파(60g), 토마토소스(1½컵), 모차렐라치즈(380g)

선택 재료
통조림 옥수수(140g)

양념
소금(약간), 후춧가루(약간), 파슬리가루(약간)

RECIPE

TIP 단단한 단호박은 전자레인지에 2분 정도 익히면 쉽게 썰려요.

1 단호박은 반 갈라 씨를 제거한 뒤 2×2cm로 깍둑 썰고, 고구마는 껍질째 같은 크기로 깍둑 썰고, 햄, 양파도 같은 크기로 깍둑 썰고,

TIP 단호박은 익히는 시간이 오래 걸리니 센 불에 먼저 볶아요.

2 센 불로 달군 팬에 식용유를 넉넉히 둘러 깍둑 썬 단호박을 넣어 3분 정도 튀기듯이 구워 건지고,

TIP 고구마는 식용유를 넉넉히 둘러 튀기듯이 볶아주면 식감이 더 바삭해져요.

3 같은 팬에 깍둑 썬 고구마를 넣어 겉이 노릇해질 때까지 튀기듯 구워 꺼내고,

4 센 불로 달군 다른 팬에 양파를 넣어 살짝 노릇하게 굽고,

5 구운 단호박, 고구마와 볶은 양파, 깍둑 썬 햄, 옥수수를 고루 섞은 뒤 소금, 후춧가루로 간하고,

TIP 매콤한 맛을 원할 땐 토마토소스에 다진 청양고추나 할라페뇨를 넣어도 좋아요.

6 오븐용 컵 용기에 고루 섞은 재료를 나눠 담은 뒤 토마토소스→모차렐라치즈 순으로 얹고,

TIP 컵피자는 냉장 보관한 뒤 먹기 직전에 전자레인지나 오븐, 프라이팬에 구워도 돼요.

7 200℃로 예열된 오븐에 15분 정도 노릇하게 굽고 파슬리가루를 뿌려 마무리.

일식 스타일 볶음우동에 변화를 주고 싶다면
각종 채소와 해산물 더해 두루치기하듯 고추장양념에 볶아보세요.
쫄깃한 우동면과 해산물, 채소가 어우러져 심심할 틈이 없어요.
중독적인 매콤한 맛에 끝도 없이 들어간답니다.

고추장우동볶음

by. 정미경 선생님 (2010년 6월 16일 방영)

RECIPE

1 끓는 물(5컵)에 우동사리를 3분 정도 삶아 건진 뒤 체에 밭쳐 물기를 빼고,

READY | 4인분

필수 재료
우동사리(250g×4개), 양파(1개), 양배추(200g), 대파(1개), 오징어(1마리)

선택 재료
생강(30g), 새우(8마리)

양념장
고춧가루(3큰술)+설탕($1\frac{2}{3}$큰술)+청주(2큰술)+간장($3\frac{1}{2}$큰술)+고추장(5큰술)+다진 생강(1작은술)+다진 마늘(1큰술)+물엿(3큰술)+참기름(1큰술)

2 양파는 굵게 채 썰고,
양배추는 5×2cm 크기로 썰고,
대파는 어슷 썰고,
생강은 편으로 썰고,

TIP 양념을 하루 정도 숙성하면 고춧가루 맛이 우러나 더욱 맛있어요.

3 오징어 몸통은 껍질을 벗긴 뒤 안쪽에 사선으로 칼집을 넣어 2cm 폭으로 썰고,

4 새우는 등 쪽 2번째 마디에 이쑤시개를 넣어 내장을 빼고,

5 **양념장**을 고루 섞고,

6 중간 불로 달군 팬에 식용유(2)를 둘러 생강을 노릇해질 때까지 볶은 뒤 건져내고,

7 새우를 넣어 색이 변할 때까지 앞뒤로 볶다가 오징어를 넣어 솔방울 모양으로 말리면 양념장을 넣고,

8 재료가 양념장과 어우러지면 양파, 대파, 양배추, 우동을 넣어 볶은 뒤 대파를 넣고 그릇에 담아 마무리.

TIP 우동이 들러붙으면 물(1~2큰술)을 넣어 볶아주세요.

소고기감자조림

by. 정호영 선생님 (2018년 10월 9일 방영)

불고기 하고 남은 소고기가 있다면
집에 있는 채소들을 더해 밥반찬으로 즐겨보세요.
익숙한 양념과 재료들인데 조합을 달리 하니 새로운 느낌!
감자가 포근하게 식감을 채워주고
칼칼한 꽈리고추가 포인트를 주네요.

☆☆☆☆☆

만들기도 어렵지 않고 한번 해두면 한 동안 반찬 걱정은 없어서 좋아요. 꽈리고추도 맛있지만 매콤한 맛을 좋아해서 청양고추로도 만들어보니 맛있었어요! (ID : jhh1***)

TIP 소고기 대신 닭고기를 사용해도 좋아요.

READY | 4인분

필수 재료
감자(2개), 당근($\frac{1}{2}$개), 소고기(불고기용 200g), 양파($\frac{1}{2}$개), 꽈리고추(10개), 불린 당면(50g)

조림장
물($2\frac{1}{2}$컵), 맛술($\frac{1}{4}$컵), 설탕($\frac{1}{4}$컵), 간장($\frac{1}{2}$컵)

RECIPE

1 감자, 당근은 깍둑 썬 뒤 모서리를 둥글게 다듬고, 양파는 한입 크기로 썰고, 꽈리고추는 꼭지를 제거하고,

2 **조림장** 재료를 넣어 설탕이 녹을 때까지 끓이고,

3 감자는 찬물에 담가 전분기를 제거하고,

4 조림장에 깍둑 썬 감자, 당근을 넣어 끓이고,

TIP 양념을 조릴 땐 거품을 제거해줘야 깔끔한 맛이 유지돼요.

5 감자가 반 정도 익으면 소고기를 넣은 뒤 끓어오르면 거품을 제거하고,

6 한입 크기로 썬 양파, 불린 당면을 넣어 국물이 자작해질 때까지 조리고,

7 꽈리고추를 넣어 한소끔 끓어오르면 불을 꺼 마무리.

해장이 필요한 날 숙주 듬뿍 넣고
얼큰하게 끓인 우동 한 그릇 어떠세요?
담백하면서도 칼칼한 국물이 끝도 없이 들어간답니다.
취향에 맞게 양념장을 넣어 맵기를 조절할 수 있어요.

얼큰숙주우동

by. 최인선 선생님 (2018년 3월 8일 방영)

RECIPE

READY | 2인분

필수 재료
숙주(60g), 쪽파(약간), 삶은 달걀(1개), 우동 면(300g)

육수 재료
다시마(10g), 가다랑어포(10g)

밑간
청주(2큰술), 간장(2큰술), 참치가루(2작은술), 후춧가루(1작은술)

양념
올리브유($\frac{1}{4}$컵), 다진 대파($3\frac{2}{3}$큰술), 다진 청양고추(1개), 다진 마늘($3\frac{2}{3}$큰술), 소금(1큰술), 후춧가루(1큰술), 고춧가루(3큰술)

1 숙주는 머리와 꼬리를 떼고, 쪽파는 송송 썰고, 삶은 달걀은 2등분하고,

2 냄비에 물(4컵), 다시마를 넣어 끓어오르면 불을 끄고 다시마를 건진 뒤 가다랑어포를 넣어 5분 정도 우리고,

TIP 청양고추의 씨를 같이 넣으면 매콤한 맛을 낼 수 있어요.

3 육수는 체에 밭쳐 건더기를 걸러 한 번 더 끓여 **밑간**하고,

4 중약 불로 달군 팬에 올리브유($\frac{1}{4}$컵), 다진 대파($3\frac{2}{3}$큰술), 다진 청양고추(1개), 다진 마늘($3\frac{2}{3}$큰술), 소금(1큰술), 후춧가루(1큰술)를 넣어 고루 볶고,

5 색이 노릇해지면 불을 끈 뒤 고춧가루(3큰술)를 섞어 **양념장**을 만들고,

TIP 양념장을 만들 때 고춧가루는 마지막에 넣어야 타지 않아요.

TIP 남은 양념장은 따로 냉장 보관해 두었다가 라면, 국수를 먹을 때 곁들여도 좋아요.

6 끓는 물에 숙주를 넣어 10초 정도 데쳐 건지고, 같은 물에 우동면을 삶아 건지고,

7 그릇에 우동 면을 담은 뒤 데친 숙주, 삶은 달걀 올리고 육수를 부은 뒤 송송 썬 쪽파, 양념장을 곁들여 마무리.

삼겹살 채소찜

by. 최진흔 선생님 (2008년 11월 11일 방영)

국민 식재료 삼겹살을 찜요리로 즐겨보세요.
채소 듬뿍 넣어 담백하게 삶아냈더니
달콤 짭조름하면서도 입안에서 살살 녹는 게
고급스런 중화요리 동파육 부럽지 않네요.
육즙이 제대로 스며든 무와 청경채 건져 먹는 맛도 최고!

RECIPE

TIP 삼겹살을 삶고 난 육수($\frac{1}{2}$컵)를 따로 남겨두세요.

1 통삼겹살은 3등분해 끓는 물에 **삼겹살 삶는 재료**를 넣어 10분 정도 삶아 건진 뒤 찬물에 헹구고,

TIP 청경채가 없을 때에는 얼갈이배추, 시금치로 대체해도 좋아요.

2 무는 4등분하고, 청경채는 2등분하고, 대파는 송송 썰고,

TIP 무를 한 번 데친 다음 사용하면 양념이 더 잘 스며들어요.

3 끓는 물(3컵)에 무를 넣어 10분 정도 데쳐 건지고,

4 끓는 소금물 (물 2컵+소금 $\frac{1}{3}$ 작은술)에 청경채를 넣어 살짝 데쳐 찬물에 헹궈 건지고,

5 **양념장**을 고루 섞고,

6 데친 무를 넣어 뚜껑을 연 뒤 20분 동안 더 삶아 젓가락으로 찔러 핏물이 안 나올 때까지 삶아 무와 함께 건지고,

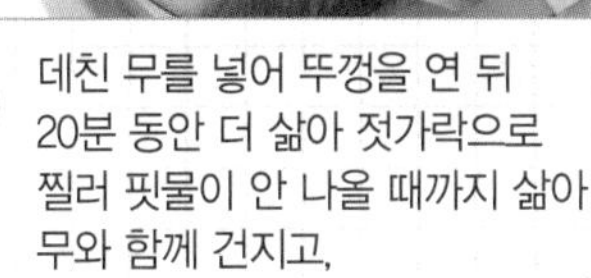

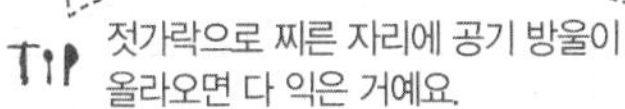

TIP 젓가락으로 찌른 자리에 공기 방울이 올라오면 다 익은 거예요.

7 다른 냄비에 삶은 삼겹살과 무, **삼겹살 소스**를 넣어 끓어오르면 데친 청경채를 넣고,

8 그릇에 무와 청경채를 넣고 삼겹살을 한입 크기로 썰어 얹은 뒤 송송 썬 대파, 삼겹살 소스를 뿌려 마무리.

TIP 무순과 연겨자를 곁들여 먹어도 좋아요.

READY | 4인분

필수 재료
통삼겹살(400g), 무(200g), 청경채(100g), 대파(1대), 무순(10g), 연겨자(4작은술)

삼겹살 삶는 재료
소주(3큰술), 생강($\frac{1}{2}$톨), 대파($\frac{1}{2}$대)

양념
소금($\frac{1}{3}$작은술)

삼겹살 양념
설탕(1컵), 맛술($\frac{1}{2}$컵), 정종($\frac{1}{2}$컵), 간장(1컵), 대파($\frac{1}{2}$대), 마른 붉은 고추(1개), 생강(1톨), 다시마(20cmx20cm, 1장)

삼겹살 소스
삼겹살 삶은 육수(1컵), 물($\frac{1}{2}$컵), 맛술(3큰술), 설탕(2큰술)

올리브유 새우볶음

by. 한명숙 선생님 (2017년 10월 12일 방영)

새우와 마늘을 자작한 올리브유에 튀기듯 끓여 먹는
스페인 요리를 감바스 알 아히요라고 부르는데요.
느끼할 것 같지만 의외로 담백하고 맛있답니다.
여기에 각종 채소를 더하고 토르티야를 곁들여 별미 한 그릇 완성!
매콤한 베트남고추를 넣어 끝맛까지 개운해요.

RECIPE

TIP 새우 꼬리에 붙은 물총은 제거해야 볶을 때 기름이 튀지 않아요.

1 새우는 껍질을 벗긴 뒤 머리와 꼬리 물총, 내장을 제거한 뒤 깨끗이 씻고,

READY | 4인분

필수 재료
새우(중하 200g), 마늘(5쪽), 양파(40g), 새송이버섯(1개), 브로콜리(50g)

선택 재료
빨간 파프리카(40g), 토르티야(2장)

양념
올리브유($\frac{1}{2}$컵), 베트남고추(5개), 소금($\frac{1}{2}$작은술), 후춧가루(0.3작은술), 다진 파슬리(1작은술)

2 마늘은 굵게 편 썰고, 양파, 브로콜리, 새송이 버섯은 한입 크기로 썰고,

TIP 냉장고 속 자투리채소로 대체해도 좋아요.

3 센 불로 달군 주물 팬에 올리브유 ($\frac{1}{2}$컵)를 부은 뒤 마늘, 양파, 새송이버섯을 넣어 끓이고,

4 베트남고추를 부숴 넣은 뒤 끓어오르면 불을 낮춰 마늘과 양파가 투명해질 때까지 끓이고,

5 양파가 반 정도 익으면 새우, 빨간 파프리카, 브로콜리를 넣어 끓이다가 소금($\frac{1}{2}$작은술), 후춧가루 (0.3작은술)로 간하고,

6 새우가 다 익으면 불을 끈 뒤 다진 파슬리(1작은술)를 뿌리고,

TIP 오래 끓일수록 새우의 맛과 향채소의 향이 올리브유에 배어들어요.

7 약한 불로 달군 다른 팬에 토르티야를 넣어 앞뒤로 노릇하게 구워 먹기 좋게 자르고,

8 올리브유 새우볶음에 토르티야를 곁들여 마무리.

↑ P284
← P354

5

CHAPTER 알아두면 두고두고 만들어 먹는 활용 요리

↑ P292
← P282

다양한 메뉴 중에서도 여러분께 꼭 소개하고 싶은
알아두면 두고두고 만들어 먹는 활용 요리를 소개합니다.
만들기 쉬워서, 맛이 너무 좋아서 나만 알고 싶었던
보물 같은 레시피들이 여기 다 있어요.
요리 선생님들의 노하우까지 꽉꽉 채워
여러분의 식탁을 더욱 맛있게 책임집니다!

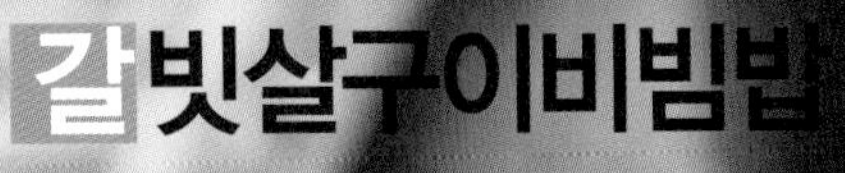

갈빗살구이비빔밥

by. 김덕녀 선생님 (2010년 6월 21일 방영)

센 불에서 노릇하게 구워

육즙을 잘 가둔 갈빗살을 올린 고급진 비빔밥이에요.

잘 달군 팬에 구우면 훈제향이 은은하게 밴답니다.

맵싹한 고추장소스를 곁들이면

고기의 느끼한 맛을 잡아 질릴 틈이 없네요.

READY | 2인분

필수 재료
소고기(갈비살 200g), 어린잎채소(60g), 밥(4공기)

양념
설탕($\frac{1}{2}$큰술), 후춧가루(약간), 소금($\frac{1}{2}$작은술)

고추장소스
잣가루(2작은술), 배즙(1작은술), 매실청(1작은술), 고추장(2큰술)

☆☆☆☆☆

양념한 갈빗살에 어린 잎채소만 얹고 따뜻한 밥 하나면 근사한 비빔밥이 완성! 고추장 소스와 곁들이면 두 공기도 거뜬해요. (ID : gj00***)

RECIPE

1 갈빗살을 한입 크기로 썬 뒤 설탕($\frac{1}{2}$큰술)과 후춧가루(약간)를 넣어 버무려 30분 정도 재우고,

2 센 불로 달군 팬에 양념한 갈빗살, 소금($\frac{1}{2}$작은술)을 넣어 재빨리 볶고,

3 **고추장소스**를 만들고,

4 어린잎채소는 깨끗이 씻어 헹군 뒤 체에 밭쳐 물기를 빼고,

5 그릇에 밥→갈빗살→
어린 잎 채소 순으로 얹은 뒤
고추장소스를 곁들여 마무리.

콩가루부추무침

by. 김덕녀 선생님 (2016년 1월 7일 방영)

부추의 향긋함은 살리고
깔끔한 맛을 내기 위해 멸치액젓으로 버무렸어요.
자칫 비릿할 수 있는 액젓을 고소한 콩가루가 살포시 잡아주네요.
밥반찬으로도 손색없지만 잘 구운 소고기, 돼지고기와 곁들이면 금상첨화랍니다.

READY | 4인분

필수 재료
부추(200g), 홍고추(1개), 콩가루(5큰술)

양념
설탕($\frac{1}{2}$큰술), 멸치액젓(1큰술), 다진 마늘(1작은술), 참깨(1큰술)

☆☆☆☆☆

부추가 몸에 좋은 건 알지만 무쳐 먹기는 쉽지 않았어요. 액젓에 콩가루를 더 해주니 고소하면서도 간이 딱 맞네요. 고기 먹을 때도 딱 좋았어요. (ID : kk27***)

RECIPE

1 깨끗이 손질한 부추는 4~5cm 길이로 썰고, 홍고추는 반 갈라 씨를 제거한 뒤 같은 길이로 채 썰고,

2 **양념**을 만들고,

3 부추에 양념을 넣어 버무리고,

4 채 썬 홍고추, 콩가루(5큰술)를 넣고 고루 버무려 마무리.

샤브샤브부대찌개

by. 김선영 선생님 (2013년 11월 5일 방영)

건더기를 골라 먹는 재미가 있는 부대찌개!
샤브샤브용 고기를 넣어 국물 맛은 진하고
햄과 소세지도 듬뿍 들어가 아이들도 좋아해요.
치즈가 녹진하게 녹아 부드럽고 고소한 맛이 최고네요.
라면 사리는 잊지 말고 꼭 끓여 드세요.

☆☆☆☆☆

갖은 재료 넣고 라면사리까지 넣으면 밥 한 공기가 뚝딱이었어요. 라면사리까지 넣으니 식당에서 먹는 것보다 훨씬 맛있네요. (ID : bdwl***)

READY | 4인분

필수 재료
소고기(샤브샤브용 150g), 두부(150g), 햄(200g), 배추김치(200g), 양파($\frac{1}{3}$개), 대파($\frac{1}{3}$개), 풋고추($\frac{1}{2}$개), 슬라이스 치즈(2장)

선택 재료
소시지(150g), 홍고추($\frac{1}{2}$개), 쑥갓(50g)

육수 재료
물(6컵), 멸치(1=10×10cm), 다시마(5g)

양념장
고춧가루(2큰술), 고추장(1큰술), 간장(1큰술), 참치액(2큰술), 다진 마늘(2큰술), 생강술(1큰술), 설탕(1작은술), 소금(약간), 후춧가루(약간)

TIP 고기 표면에 찹쌀가루를 묻히면 구울 때 육즙이 빠져 나오지 않아 훨씬 맛있어요.

1 두부는 큼직하게 썰고, 햄은 한입 크기로 썰고, 소시지는 어슷 썰고, 김치는 한입 크기로 썰고,

2 양파는 채 썰고, 대파와 풋고추, 홍고추는 어슷 썰고, 쑥갓은 깨끗이 헹궈 준비하고,

3 냄비에 **육수 재료**를 넣어 10분 정도 끓인 뒤 뚜껑을 열고 20분 정도 더 끓여 육수를 만들고,

4 **양념장**을 만들고,

5 냄비에 한입 크기로 썬 배추김치를 바닥에 깐 뒤 햄, 두부, 양파, 소시지, 대파, 풋고추, 홍고추를 가지런히 넣고,

6 육수(4컵)를 부은 뒤 양념장을 얹어 소고기 색이 변할 때까지 끓이고 슬라이스 치즈, 쑥갓을 올려 마무리.

TIP 슬라이스 치즈를 넣어야 부드러운 부대찌개 국물 맛이 나요.

게살가득샌드위치

by. 김선영 선생님 (2013년 11월 8일 방영)

허니머스터드에 버무린 게살을 가득 채운
샌드위치로 가볍게 한 끼 준비해보세요.
신선한 샐러드채소가 아삭아삭 씹히고
달콤 알싸한 허니머스터드가 끝맛을 잡아줘요.

READY | 4인분

필수 재료
토마토(1개), 양상추(적당량), 슬라이스 햄(4개), 맛살(200g), 치아바타(2개), 슬라이스 치즈(2장)

선택 재료
로메인(2장)

양념
허니머스터드소스(2큰술)

☆☆☆☆☆

도시락 준비로 걱정이 많았는데 게살을 허니머스터드 소스로 버무리고 갖은 채소 넣으니 상큼하면서도 부담되지 않아서 좋았어요. 간식으로도 딱이에요! (ID : gwsg***)

RECIPE

1 토마토는 모양대로 얇게 썰고, 양상추는 한입 크기로 찢고, 로메인은 2등분하고,

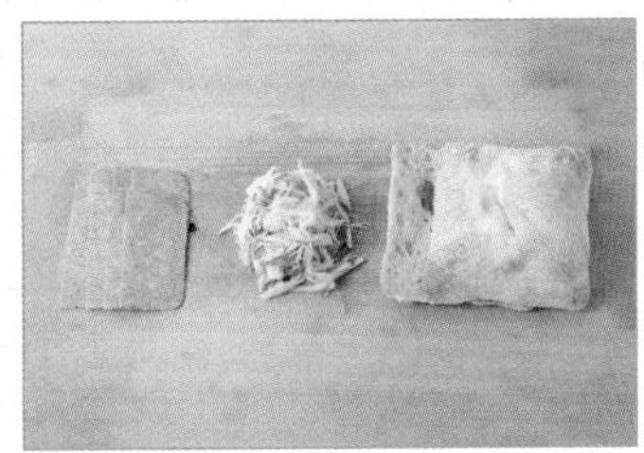

2 슬라이스 햄은 2등분하고, 맛살은 결대로 썰고, 치아바타는 반으로 저며 자르고,

3 맛살에 허니머스터드소스(2큰술)를 가볍게 버무리고,

4 치아바타 안쪽 면에 허니머스터드소스를 골고루 펴 바르고,

5 치아바타에 로메인→토마토→햄→게살→슬라이스 치즈→양상추 순으로 얹은 뒤 빵을 덮고,

6 종이포일로 겉을 단단하게 감싸고 2등분해 마무리.

유자청 배추절임

by. 김영빈 선생님 (2018년 2월 27일 방영)

매일 먹는 매운 배추김치가 물릴 때
간단하게 만들기 좋은 초간단 김치예요.
소금에 휘릭 절인 뒤 유자청을 더한 국물에 푹 담가만 주세요.
맵지 않은 김치라 아이들과 함께 먹기 좋고
수육과 함께 곁들이면 느끼함도 꽈악 잡아준답니다.

☆☆☆☆☆

만들기도 간단하고 유자청으로 배추를 절이니 상큼함이 제대로예요! 고기 반찬이랑 먹을 때 없어선 안 될 메뉴에요! (ID : bdwl***)

☆☆☆☆☆

배추절임을 해보니 너무 상큼하고 맛있더라고요. 맵지 않아서 아이들도 잘 먹어요. 다음에는 배추외에 다른 채소에도 유자청을 써봐야겠어요. (ID : cne7***)

TIP 배추는 연한 알배추나 배추 속대가 적당해요.

READY | 4인분

필수 재료
알배추(300g), 당근(60g), 마늘(6쪽), 생강(1통)

선택 재료
홍고추(1개)

양념
굵은 소금(1작은술)

양념 국물
유자청(3큰술), 설탕(1큰술), 소금($\frac{1}{2}$작은술), 다시마 우린 물(2컵), 식초(3큰술)

RECIPE

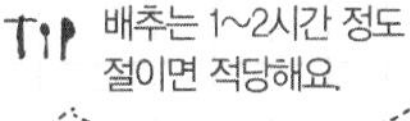

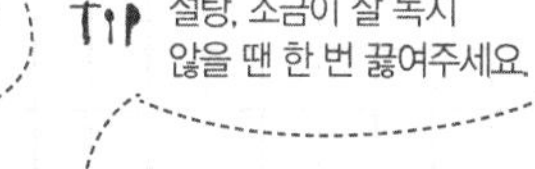

TIP 배추는 1~2시간 정도 절이면 적당해요.

TIP 설탕, 소금이 잘 녹지 않을 땐 한 번 끓여주세요.

1 알배추는 한입 크기로 썰고, 당근, 마늘, 생강은 채 썰고, 홍고추는 송송 썰고,

2 알배추에 채 썬 당근과 굵은 소금(1작은술)을 고루 뿌려 절이고,

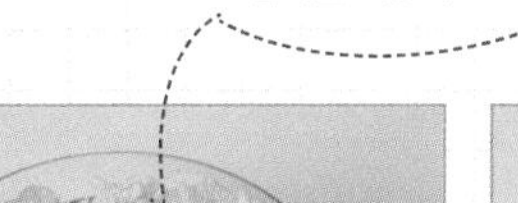

TIP 배추와 당근을 미리 절여주면 아삭하고 간도 고루 스며들어요.

3 **양념 국물** 재료를 섞고,

4 양념 국물에 절인 알배추, 채 썬 당근, 마늘, 생강, 송송 썬 홍고추를 넣어 버무리고,

5 밀폐 용기에 담고 냉장 보관해 마무리.

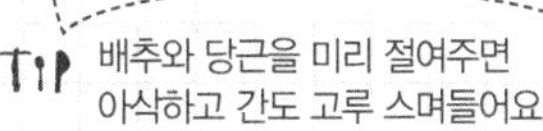

TIP 즉석으로 먹어도 좋고 2시간 이상 실온 숙성해도 좋아요.

매실소스문어튀김

by. 김영빈 선생님 (2017년 6월 28일 방영)

탱글탱글한 문어를 바삭하게 튀겨
아삭한 샐러드채소와 곁들였더니 식감이 끝내주네요.
매실로 만든 소스가 상큼함을 더해준답니다.
한 끼 식사로도 든든하고요, 손님상에도 잘 어울려요.

READY | 4인분

필수 재료
자숙 문어(300g), 양파(¼개), 양상추(2장), 방울토마토(4개)

선택 재료
라디치오(1장), 치커리(약간)

밑간
다진 마늘(2작은술), 송송 썬 쪽파(2큰술), 참기름(2작은술), 녹말가루(4큰술)

소스
매실청(3큰술)+간장(1큰술)+참기름(1큰술)+식초(1큰술)+설탕(1작은술)+깨소금(1큰술)

☆☆☆☆☆

문어튀김은 맛있을 수밖에 없죠. 여기에 매실소스까지 더하니 상큼하면서 향도 확 살아나네요. 술안주로 이만한 게 없어요! (ID : mwkd**)

RECIPE

TIP 문어를 삶을 때 대파나 마늘, 매실청을 넣으면 비린내가 사라져요.

TIP 자숙 문어를 한 번 더 데치면 문어의 육질이 훨씬 더 부드러워져요.

1 자숙 문어는 큼직하게 썰어 끓는 물에 넣어 1~2분 정도 데쳐 찬물에 담갔다 건진 뒤 물기를 제거하고,

2 데친 문어는 어슷 썰고, 양파는 채 썰고, 양상추, 라디치오, 치커리는 한입 크기로 뜯고, 방울토마토는 4등분하고,

3 데친 문어에 **밑간**해 고루 버무리고,

4 **소스**를 만들고,

5 170℃로 예열한 식용유(2컵)에 밑간한 문어를 튀겨 건진 뒤 키친타월에 밭쳐 기름기를 제거하고,

6 그릇에 손질한 채소를 담고 문어튀김을 올린 뒤 소스를 곁들여 마무리.

닭다리백숙

by. 김정은 선생님 (2018년 6월 6일 방영)

퍽퍽한 살을 싫어하시는 분들에게 추천해드리는
부드러운 닭다리로 만드는 든든한 보양식이에요.
다리로 우려 구수하고 뽀얀 국물에 원기회복에 좋은 전복, 삼도 듬뿍 담았답니다.
찹쌀죽을 따로 끓여 곁들여 그 맛이 더 담백하네요.

☆☆☆☆☆

백숙만 한 보양식이 어디있나요. 전복과 갖은 재료 넣고 푹 끓으니 몸이 개운하네요. 닭다리로만 하니 부드럽고 먹기도 편했어요. (ID : dkak***)

READY | 4인분

필수 재료
닭다리(4개), 대추(3개), 마늘(3톨), 불린 찹쌀(150g), 부추(10대)

선택 재료
전복(150g), 수삼(30g), 불린 녹두(50g)

RECIPE

1 전복은 솔로 문질러가며 씻은 뒤 숟가락으로 살을 발라 내장과 입을 제거하고,

TIP 백숙을 만들 땐 뼈가 있는 닭다리로 끓여야 깊은 맛이 잘 우러나와요.

TIP 녹두는 껍질을 벗긴 뒤 끓여야 국물이 깔끔해요.

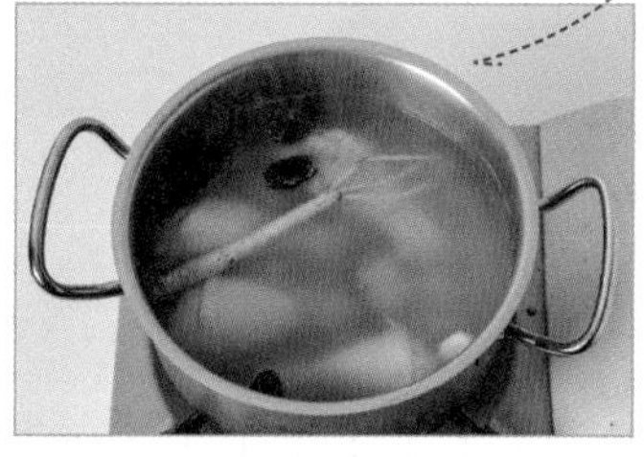

2 냄비에 닭다리, 대추, 마늘, 수삼, 전복, 물(5.5컵)을 넣어 센 불로 15분 정도 끓이고,

3 불린 녹두를 넣어 10분 정도 더 끓여 육수를 만들고,

4 다른 냄비에 육수(3컵)를 덜어낸 뒤 불린 찹쌀을 넣어 15분 정도 끓여 찹쌀죽을 만들고,

TIP 수삼은 잔뿌리에 흙이 많이 묻어있으니 솔로 문질러가며 씻어주세요.

TIP 찹쌀죽을 따로 끓여주면 국물이 깔끔하고 맛이 텁텁해지지 않아요.

5 육수가 끓어오르면 부추를 넣은 뒤 불을 끄고 여열에 익혀 그릇에 담고,

6 찹쌀죽을 곁들여 마무리.

TIP 찹쌀죽을 먹을 때 소금으로 간을 맞춰요.

동치미는 원래 겨울에 먹는 김치인 거 아셨나요?
겨울 제철 무는 단맛이 최고조인만큼
어떤 요리를 해 먹어도 맛있답니다.
배와 갖은 채소로 우린 시원하고 개운한 맛에
막혔던 속이 뻥~ 뚫린답니다.
후루룩 삶은 소면을 넣어 한 그릇 말아 먹으면 겨울철 별미로 최고!

여름동치미

by. 박영란 선생님 (2018년 6월 14일 방영)

READY | 4인분

필수 재료
무(2.5kg), 양파($\frac{2}{3}$개), 대파(1대), 청양고추(6개), 배(250g)

양념
굵은 소금(4.5큰술)

김칫국물 재료
감자풀($\frac{2}{3}$컵), 굵은 소금(2큰술), 설탕(2큰술), 청주(2큰술), 멸치액젓($\frac{1}{4}$컵), 매실액($\frac{1}{4}$컵), 물엿(3큰술), 고추씨(2큰술), 다진 마늘($\frac{1}{3}$컵), 다진 생강(2작은술),

RECIPE

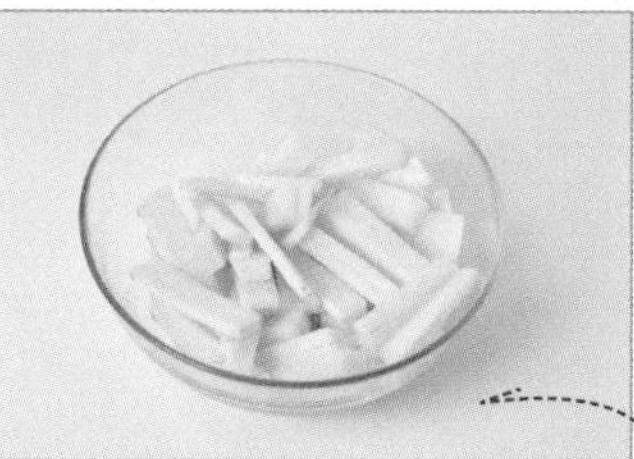

1 무는 먹기 좋게 납작 썰어 굵은 소금을 뿌린 뒤 고루 섞어 1시간 정도 절이고,

TIP 무는 묵직하고 푸른색이 옅은 게 단맛이 강하고 맛있어요.

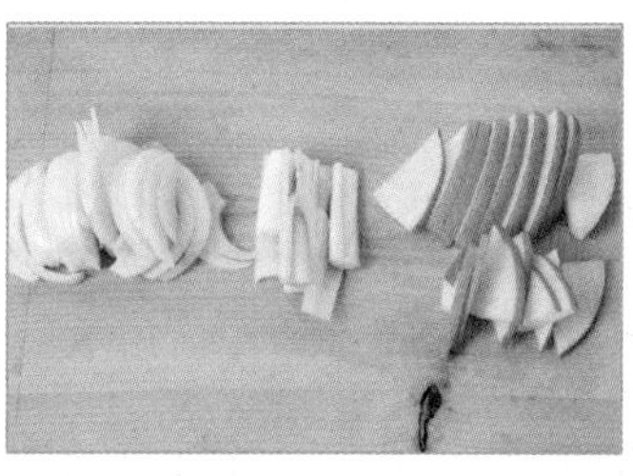

2 양파는 채 썰고, 대파는 한입 크기로 썰고, 배는 납작 썰고,

TIP 다시백에 손질한 재료를 넣어 우려주면 국물 맛이 텁텁하지 않고 깔끔해요.

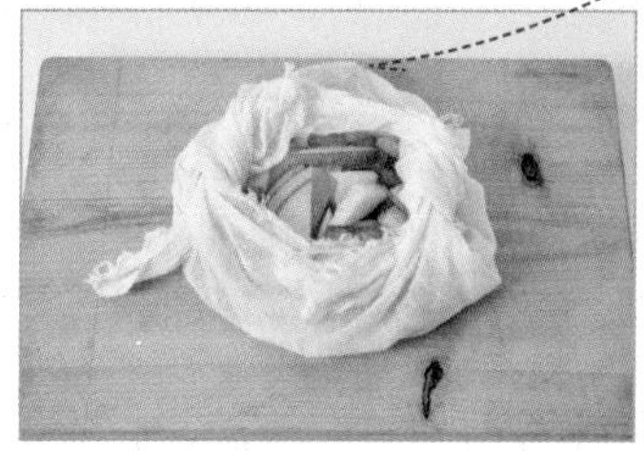

3 다시백에 손질한 양파, 썬 대파, 청양고추, 배를 넣고,

4 물(4ℓ)에 다진 마늘과 다진 생강을 제외한 **김칫국물 재료**를 넣어 섞고,

5 김칫국물에 다진 마늘($\frac{1}{3}$컵), 다진 생강(2작은술)을 체에 밭쳐 우리고,

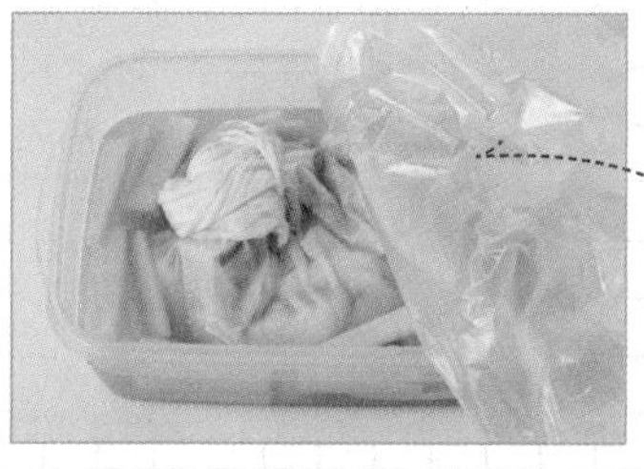

TIP 김칫국물이 충분히 우러나면 다시백을 건져내요.

6 밀폐용기에 절인 무, 손질한 재료를 담은 다시백을 넣은 뒤 김칫국물을 붓고 비닐을 씌워 12시간 실온 숙성한 뒤 냉장실에 보관해 마무리.

TIP 절인 무의 국물까지 넣어주면 감칠맛이 더 살아나요.

☆☆☆☆☆

동치미 국물 한 숟갈이면 막힌 속이 뻥 뚫리죠. 조금 심심할 때 소면을 넣어서 국수처럼 내놓으면 식탁에서 순식간에 사라져요! (ID : qpwl***)

골뱅이튀김

by. 안세경 선생님 (2017년 8월 17일 방영)

쫄깃하면서 감칠맛이 좋은 골뱅이는 여러 요리에 응용하기 좋은 식재료인데요.
그동안 매콤한 무침으로만 즐겼다면 쫄깃한 이색 별미 골뱅이튀김을 추천해요.
상큼한 레몬 마요소스로 포인트를 주고 파프리카를 같이 튀겨 아삭한 식감도 더했답니다.
튀김옷에 차가운 탄산수를 넣으면 더욱 바삭해요.

RECIPE

1 파프리카는 한입 크기로 어슷 썰고, 골뱅이는 한입 크기로 썰고,

READY | 4인분

필수 재료
빨간 파프리카($\frac{1}{2}$개), 노란 파프리카($\frac{1}{2}$개), 골뱅이(400g), 전분(4큰술)

튀김옷
튀김가루(120g), 차가운 탄산수(180㎖)

소스
마요네즈(3큰술)+다진 양파(1큰술)+다진 마늘($\frac{1}{2}$작은술)+간장(1작은술)+레몬즙(1작은술)

2 비닐봉지에 손질한 파프리카, 전분(1큰술)을 넣은 뒤 흔들어 전분을 고루 묻혀 꺼내고,

TIP 골뱅이에 전분을 묻힌 후 반죽을 입혀주면 튀김옷이 잘 벗겨지지 않아요.

TIP 튀김옷을 만들 때 차가운 탄산수를 넣어주면 튀김이 훨씬 바삭해져요.

TIP 골뱅이와 파프리카를 하나로 뭉쳐 튀겨도 좋아요.

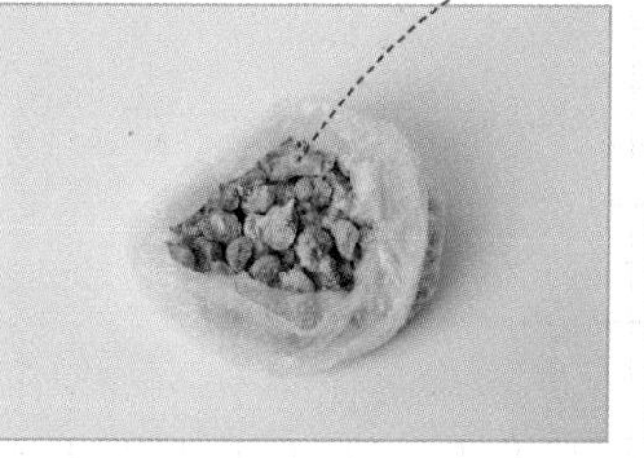

3 같은 비닐봉지에 한입 크기로 썬 골뱅이와 전분(3큰술)을 넣은 뒤 흔들어 전분을 고루 묻혀 꺼내고,

4 튀김가루를 체에 쳐서 곱게 내린 뒤 차가운 탄산수를 섞어 튀김옷을 만들고,

5 전분을 묻힌 파프리카, 골뱅이를 반죽에 넣어 튀김옷을 입히고,

6 170℃로 예열된 식용유(3컵)에 넣어 노릇하게 튀겨 건지고,

7 **소스**를 만들고,

8 그릇에 골뱅이튀김을 담고 소스를 곁들여 마무리.

바지락곤약술찜

by. 안세경 선생님 (2018년 5월 18일 방영)

시원한 맛이 일품인 바지락술찜에 곤약을 더해
쫄깃한 식감을 더했답니다.
만들기도 너무 간단하고 술안주로도 제격이에요.
청양고추를 넣어 칼칼하게 즐겨도 좋아요.

RECIPE

TIP 소금물에 바지락을 넣고 쿠킹포일을 덮은 뒤 냉장고에 6시간 정도 둬요.

1 해감한 바지락은 **소금물**에 넣어 바락바락 씻은 뒤 찬물에 깨끗이 헹궈 체에 밭쳐 물기를 빼고,

2 마늘은 편으로 썰고, 쪽파는 송송 썰고,

READY | 4인분

필수 재료
바지락(600g), 마늘(5쪽), 쪽파(3대), 곤약(100g)

선택 재료
구운 식빵(2~3장)

소금물
굵은 소금(1큰술), 물(3컵)

양념
올리브유(1큰술), 청주(2컵), 간 통후추(약간), 버터($2\frac{1}{2}$큰술), 국간장(1작은술), 구운 식빵(2개)

3 중간 불로 달군 냄비에 올리브유(1큰술)를 둘러 바지락을 센 불에서 고루 볶고,

4 편 썬 마늘을 넣어 볶다가 청주를 부어 끓어오르면 간 통후추를 넣어 뚜껑을 덮고 중간 불에서 5분 정도 끓이고,

5 곤약은 끓는 물에 넣어 데쳐 건진 뒤 찬물에 헹궈 $\frac{1}{2}$ 정도는 깍둑 썰고,

6 남은 곤약은 납작하게 썰어 칼집을 길쭉하게 세 번 넣은 뒤 안으로 말아 타래 모양을 만들고,

TIP 양끝을 0.5cm 정도 남긴 뒤 칼집을 넣어주세요.

7 바지락이 입을 완전히 벌리면 데친 곤약, 버터($2\frac{1}{2}$큰술), 송송 썬 쪽파, 국간장(1작은술)을 넣고,

TIP 청양고추나 태국 고추를 넣어 매콤하게 즐겨도 좋아요.

8 뚜껑을 덮어 약한 불에서 5분 정도 끓인 뒤 그릇에 담고 구운 식빵을 곁들여 마무리.

클램차우더

by. 안세경 선생님 (2018년 5월 16일 방영)

클램차우더는 조갯살과 감자가 들어간 미국식 수프인데요
든든하면서도 고소한 맛에 빠져들게 되죠.
베샤멜소스가 부드럽게 맛을 감싸주고요,
쫄깃한 조갯살과 버섯이 식감까지 책임지네요.

RECIPE

TIP 관자 대신 깨끗이 씻은 홍합을 넣어도 맛있어요.

1 양파와 감자, 셀러리는 한입 크기로 깍둑 썰고, 양송이버섯은 편으로 썰고, 관자도 깍둑 썰고,

TIP 감자 헹군 물은 버리지 말고 남겨두세요.

2 바지락살과 깍둑 썬 감자는 깨끗이 헹궈 체에 밭쳐 물기를 빼고,

READY | 4인분

필수 재료
양파(50g), 깍둑 썬 감자(240g), 양송이버섯(30g), 관자(60g), 바지락살(160g)

선택 재료
셀러리(60g)

양념
무염버터(40g), 소금(1작은술), 후춧가루(약간), 물($1\frac{1}{2}$컵), 생크림($\frac{1}{2}$컵), 파슬리가루(약간)

베샤멜소스 재료
무염버터(40g), 중력분(40g), 우유(2컵)

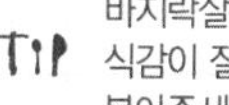

TIP 베샤멜소스는 쉽게 막이 생길 수 있으니 뚜껑을 덮어 보관해주세요.

TIP 바지락살은 오래 익히면 식감이 질겨지니 나눠 넣어 볶아주세요.

3 중간 불로 달군 냄비에 무염버터(40g)를 녹인 뒤 중력분을 넣어 약한 불에서 덩어리로 뭉쳐질 때까지 볶고,

4 우유(2컵)를 넣어 끓어오르면 약한 불로 줄여 5분 더 끓인 뒤 뚜껑을 덮어 불을 끄고,

5 중간 불로 달군 냄비에 식용유(1큰술)를 둘러 무염버터(20g), 깍둑 썬 양파, 감자, 소금(1작은술), 후춧가루(약간), 바지락살($\frac{1}{2}$분량)을 넣어 볶고,

6 남은 버터(20g)에 감자를 헹궈낸 물(1컵), 베샤멜소스, 소금(약간), 깍둑 썬 관자, 셀러리, 편으로 썬 양송이버섯을 넣어 약한 불에 3분 정도 끓이고,

7 뚜껑을 덮어 중약 불에서 끓어오르면 생크림($\frac{1}{2}$컵), 남은 바지락살, 후춧가루(약간), 소금(약간)을 넣어 약한 불에 10분 정도 더 끓이고,

8 그릇에 담고 파슬리가루(약간)를 뿌려 마무리.

묵은지찜

by. 유귀열 선생님 (2018년 9월 10일 방영)

다른 반찬 하나 없어도
밥 두 그릇은 너끈하게 비워내는 효자 반찬이에요.
된장 한 큰 술을 더해 군내를 잡고,
기호에 맞게 아삭하게 또는 부드럽게 익혀 맛보세요.
구수한 향이 솔솔 입맛을 돋운답니다.

READY | 4인분

필수 재료
묵은지(400g), 송송 썬 쪽파(2큰술)

양념
설탕(3큰술), 된장(1큰술), 들기름(2큰술),
다진 마늘(1큰술), 들깻가루(2큰술)

육수 재료
청양고추(1개), 대파(1대), 양파($\frac{1}{2}$개), 마늘(3쪽),
시판 다시백(2개)

RECIPE

1 청양고추는 반으로 가른 뒤 꼭지를 제거하고, 대파와 양파는 얇게 채 썰고, 마늘은 편으로 썰고,

TIP 묵은지를 설탕물에 10분 정도 담가주면 군내가 말끔히 사라져요.

TIP 된장을 넣으면 묵은지에 남아 있는 군내도 잡고 구수한 맛을 내요.

TIP 시판 다시백을 넣어주면 감칠맛을 손쉽게 낼 수 있어요.

TIP 얇게 썬 뒤 단시간에 우려내야 밑국물이 탁해지지 않아요.

2 묵은지는 흐르는 물에 깨끗이 씻어 설탕물(물3컵+설탕3큰술)에 10분 정도 담갔다 건지고,

3 건진 묵은지는 물기를 제거해 밑동에 칼집을 넣은 뒤 된장(1큰술), 들기름(2큰술), 다진 마늘(1큰술)을 넣어 버무리고,

4 냄비에 물(5컵)을 부은 뒤 붓고 **육수 재료**를 넣어 끓어오르면 건더기를 거르고,

5 양념한 묵은지를 넣어 중간 불에서 30분 정도 끓이고,

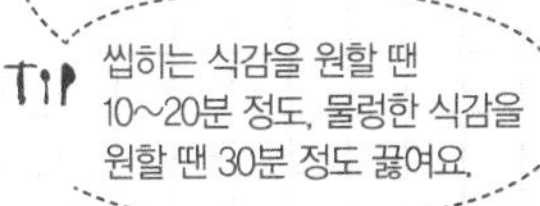

TIP 씹히는 식감을 원할 땐 10~20분 정도, 물렁한 식감을 원할 땐 30분 정도 끓여요.

6 묵은지가 부드럽게 익으면 들깻가루(2큰술)를 넣어 한소끔 더 끓이고,

7 묵은지찜을 그릇에 담고 송송 썬 쪽파를 올려 마무리.

반건조오징어조림

by. 유귀열 선생님 (2018년 9월 11일 방영)

반건조오징어를 그냥 먹기만 하니 아쉽다고요?
고추 송송 썰어 넣고 매콤하게 조리면
밥반찬으로도, 술안주로도 훌륭하답니다.
반건조오징어는 살짝만 조리는 게 부드러움을 유지하는 포인트!
마늘과 고추를 따로 익혀 넣으면 간편해요.

READY | 4인분

필수 재료
홍고추(1개), 꽈리고추(9개), 통마늘(10개), 반건조 오징어(2마리)

양념
소금(약간), 참깨(약간)

조림장
간장(1큰술), 맛술(2큰술), 참기름(1큰술), 물엿(2큰술), 고운 고춧가루(1큰술)

RECIPE

1 홍고추는 어슷 썰고, 꽈리고추는 꼭지를 제거하고, 마늘은 2등분하고,

2 반건조 오징어는 몸통과 다리를 분리한 뒤 몸통은 반 갈라 가로로 굵게 채 썰고, 다리는 한입 크기로 썰고,

3 손질한 반건조 오징어는 찬물에 깨끗이 헹군 뒤 체에 밭쳐 물기를 제거하고,

4 손질한 꽈리고추와 마늘에 소금(약간)을 뿌린 뒤 랩을 씌워 전자레인지에서 2분 정도 익히고,

5 팬에 **조림장**을 부은 뒤 센 불로 끓이고,

6 끓어오르면 손질한 반건조 오징어, 홍고추, 꽈리고추와 마늘을 넣어 볶고,

7 반건조 오징어가 오그라들면 불을 끄고 참깨를 뿌려 마무리.

먹태무침

by. 이보은 선생님 (2016년 8월 23일 방영)

황태를 만들다가 표면이 검게 된 것을 먹태라고 해요.
노란 속살은 씹으면 씹을수록 고소한 맛이 나요.
살짝 매콤한 고추장 양념이 속까지 촉촉하게 배면 흰 쌀밥을 물에 말아
먹태무침을 곁들여 보세요.
달아난 입맛이 절로 살아 돌아올 거예요.

☆☆☆☆☆

씹을수록 맛이 나는 먹태에 고추장을 더하니 밥도둑이 따로 없어요. 입맛 없을 때 물에 밥말아서 먹태무침 하나면 저녁 메뉴는 걱정 끝이에요! (ID : mbkk***)

☆☆☆☆☆

먹태무침 한번 만들어두면 입맛 없을 때뿐만 아니라 술안주로서도 최고더라고요. 막걸리 한 잔에 먹태무침 한 점이면 엄지 척! 매콤한 맛과 부드러운 막걸리가 참 잘 어울려요. (ID : pwkl***)

READY | 4인분

필수 재료
먹태(2마리), 다시마 우린 물(2컵)

선택 재료
송송 썬 쪽파(2큰술)

양념
고춧가루(2큰술), 소금(약간),
맛술(2큰술), 간장(1큰술), 매실청(2큰술),
다진 마늘(1작은술), 고추장(1큰술), 참기름(1큰술), 참깨(1큰술)

RECIPE

TIP 양념에 맛술을 넣으면 먹태의 비린 맛을 잡아줘요.

1 먹태는 지느러미를 제거해 살은 한입 크기로 찢은 뒤 다시마 우린 물에 30분 정도 담갔다 건지고,

2 참깨를 제외한 나머지 **양념**을 넣어 고루 섞고,

3 양념에 찢어 놓은 먹태를 넣어 고루 무치고 참깨(1큰술)와 송송 썬 쪽파를 뿌려 마무리.

새우장은 간장게장과 달리 살이 단단해서
쫄깃하게 씹히는 식감이 살아 있어요.
새우 맛이 쏙 녹아든 새우장 국물은 생선을 조리거나
무장아찌를 만들 때 사용해도 좋아요.

새우장

by. 이보은 선생님 (2015년 10월 26일 방영)

RECIPE

1 새우는 수염과 머리의 뿔, 꼬리 물총을 뗀 뒤 등 쪽 내장을 이쑤시개로 제거하고,

READY | 4인분

필수 재료
새우(20마리), 청양고추(2개)

양념
소금(3큰술)

절임장 재료
생강(1톨), 마늘(14개), 대파(1개), 양파(1개), 사과(1개), 국간장 (1컵), 다시마 우린 물(1½컵), 청주(¼컵), 통후추(약간), 설탕(2큰술), 월계수잎(3장), 올리고당(¼컵)

2 소금물(물6컵+소금3큰술)에 손질한 새우를 넣어 두 번 정도 헹궈 체에 밭쳐 물기를 빼고,

TIP 단맛이 사라지니 사과는 끓어오르면 넣어요.

3 청양고추는 송송 썰고, 생강과 마늘은 편으로 썰고, 대파는 큼직하게 썰고, 사과는 얇게 썰고,

4 냄비에 사과, 올리고당을 제외한 **절임장 재료**를 넣어 끓이고,

5 끓어오르면 얇게 썬 사과와 올리고당(¼컵)을 넣어 고루 저은 뒤 불을 꺼 차갑게 식히고,

6 식힌 절임장을 면포에 밭쳐 거르고,

7 밀폐 용기에 손질한 새우를 담고 절임물을 부은 뒤 송송 썬 청양고추를 넣어 마무리.

TIP 레몬, 라임, 청양고추 등을 넣으면 맛있게 즐길 수 있어요.

TIP 3일 정도 냉장실에서 숙성했다 먹으면 더욱 맛있게 먹을 수 있어요.

깻잎김치

by. 이종임 선생님 (2007년 10월 12일 방영)

깻잎으로 해먹을 수 있는 반찬이 참 다양하죠?
유자청을 더해 상큼하게 맛볼 수 있는 김치를 만들어보세요.
깻잎향과 유자의 새콤한 맛이 어우러져
겉절이처럼 가볍게 즐기기 참 좋답니다.

☆☆☆☆☆

우리집 반찬 단골인 깻잎! 유자청을 더해서 김치로 만드니 새콤하고 상큼한 맛이 제대로에요! 한번 만들어두면 꽤 오래가서 당분간 반찬 걱정도 없어졌어요! **(ID : ggki***)**

☆☆☆☆☆

깻잎절임은 많이 해봤지만 김치로 만든건 처음이었어요. 잔뜩 만들어서 주변에도 나눠줬더니 유자청을 넣은 깻잎은 처음이라며 서로 더 달라고 난리에요~ **(ID : sude***)**

READY | 4인분

필수 재료
깻잎 (80장), 쪽파(8대), 풋고추(1개), 홍고추(1개)

양념
다진 유자청(1큰술), 멸치액젓(½컵), 고춧가루(⅔컵), 다진 마늘(2큰술), 다진 생강(½작은술), 참깨(2큰술)

RECIPE

1 깻잎은 꼭지를 약간 남기고 잘라 깨끗이 씻어 체에 밭쳐 물기를 빼고,

2 쪽파는 2cm 길이로 썰고, 풋고추와 홍고추는 씨를 뺀 뒤 2cm 길이로 어슷 썰고,

3 **양념**을 만들고,

4 양념에 손질한 채소를 넣어 고루 섞고,

5 깻잎 2~3장마다 켜켜이 양념을 발라 차곡차곡 쌓고,

6 밀폐용기에 옮겨 담고 실온에서 반나절 정도 숙성한 뒤 냉장 보관해 마무리.

오이지

by. 이종임 선생님 (2015년 5월 22일 방영

한 번에 많이 만들어 두고
반찬하기 귀찮을 때마다 꺼내 먹는 저장 반찬이에요.
수분이 쪼옥 빠진 오이의 오도독한 식감이 매력적이랍니다.
얇게 썰어 매실액과 참기름에 버무려
찬밥에 올려 먹어도 맛있고, 매콤한 고춧가루 양념에 버무려 먹어도 좋아요.

☆☆☆☆☆

만들기도 쉽고 손도 많이 안가서 자주 해먹어야겠어요. 이젠 오이지 하나면 느끼한 음식 먹을 때 꼭 함께 곁들여서 먹어요. 오이지가 조금 남았을 때는 밥이랑 비벼서 먹으니 딱이더라고요. (ID : ojkk***)

☆☆☆☆☆

오이지를 고춧가루 양념에 무쳐서 먹어봤어요. 매콤새콤한 게 입맛 돌아오는 반찬으로 이만한 게 없더라고요. 특히 푹푹 찌는 여름날 시원한 오이지 한 젓가락이면 입안이 상큼해져요. (ID : oek7***)

READY | 4인분

필수 재료
백오이(10개)

절임물 재료
소금(110g), 물(7컵)

RECIPE

1 백오이는 깨끗이 씻어 물기를 제거한 뒤 밀폐용기에 담고,

2 **절임물 재료**를 넣어 끓여 절임물을 만들고,

3 오이가 담긴 밀폐용기에 팔팔 끓인 절임물을 붓고,

4 오이가 뜨지 않도록 깨끗하게 씻은 돌 또는 그릇을 얹고 뚜껑을 덮어 마무리.

TIP 4~5일 정도 실온 보관한 뒤 소금물을 다시 끓여 완전히 식혀서 부으면 오이지를 오래 보관할 수 있어요.

잔멸치볶음밥

by. 이종임 선생님 (2013년 3월 21일 방영)

잔멸치는 주부들이 가장 먼저 찾는 인기 식재료예요.
감칠맛 또한 큰 멸치 못지않으니
작다고 절대 무시할 수 없답니다.
소금 간을 하지 않아도 간간한 잔멸치 때문에
반찬 없이 먹기 딱 좋아요.
값도 저렴하니 이런 효자 식재료가 없네요.

☆☆☆☆☆

마늘을 볶아 향과 맛을 더하고 잔멸치로 볶음밥을 하니 도시락 걱정이 없네요. 멸치가 작아서 씹기도 편하고 만들기도 간단해서 자주 해먹을 것 같아요. (ID : jaml***)

☆☆☆☆☆

잔뜩 만들어둔 잔멸치를 듬뿍 넣어서 마늘과 함께 볶았어요. 감칠맛도 나고 고소한 마늘 맛이 어우러져 밥 한그릇이 뚝딱이었어요. 다음에는 냉장고에 남은 반찬들도 같이 넣어봐야겠어요. (ID : cmm9***)

READY | 4인분

필수 재료
마늘(5쪽), 잔멸치(1컵), 밥(2컵)

선택 재료
쪽파(3대)

양념
버터(1큰술), 참기름(1큰술), 검은깨(적당량)

RECIPE

1 마늘은 편으로 썰고, 쪽파는 송송 썰고,

2 중간 불로 달군 팬에 식용유 ($1\frac{1}{2}$큰술)를 둘러 잔멸치를 바삭하게 볶아 건져 한 김 식히고,

3 같은 팬을 중간 불로 달궈 식용유 ($\frac{1}{2}$큰술)를 두른 뒤 편으로 썬 마늘을 볶고,

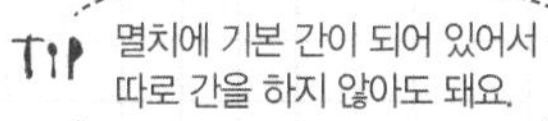

TIP 멸치에 기본 간이 되어 있어서 따로 간을 하지 않아도 돼요.

4 밥을 넣어 고루 섞듯이 볶다가 송송 썬 쪽파, 버터(1큰술)를 넣어 볶고,

TIP 밥이 너무 질 때는 전자레인지에 한 번 데워주면 수분이 날아가 고슬고슬해져요.

5 볶은 잔멸치, 참기름(1큰술), 검은깨를 넣고 고루 섞어가며 볶아 마무리.

스파이시 치킨윙

by. 임미경 선생님 (2018년 8월 30일 방영)

살도 얼마 없는 것 같은데 자꾸만 손이 가는 치킨윙.
매콤 새콤 걸쭉한 소스가 중독성 있네요.
닭날개에 녹말가루를 골고루 묻혀야 튀길 때 더 바삭해져요.

☆☆☆☆☆

스파이시 치킨윙 하나면 이제 치킨 시킬 일이 없어요. 소스도 입맛대로 더하니 주말만 되면 아이들이 저만 바라보네요. 바삭하면서 매콤하니 밥이랑 같이 먹어도 괜찮아요. (ID : mwgs***)

READY | 4인분

필수 재료
닭날개(300g), 녹말가루(5큰술)

소스
올리브유(3큰술), 핫소스(5큰술), 흑초(3큰술), 후춧가루(1큰술)

RECIPE

1 닭날개는 지방을 제거해 찬물에 깨끗이 씻은 뒤 체에 밭쳐 물기를 빼고,

TIP 녹말가루를 묻힐 땐 닭날개를 눕힌 뒤 접힌 부분 사이까지 골고루 묻혀주세요.

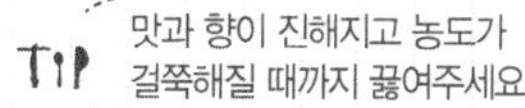

TIP 맛과 향이 진해지고 농도가 걸쭉해질 때까지 끓여주세요.

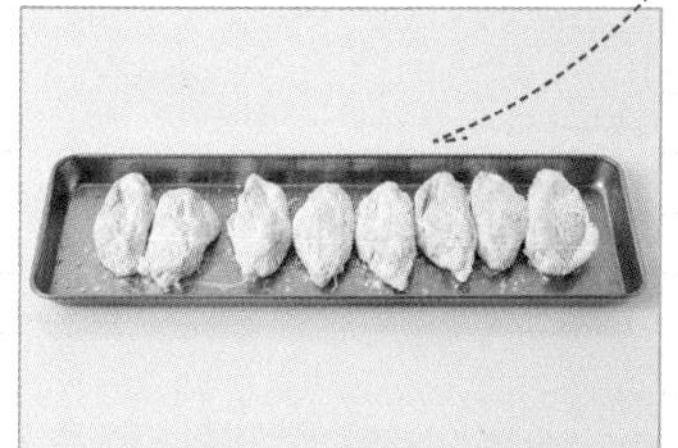

2 물기를 뺀 닭날개는 녹말가루(5큰술)를 골고루 묻히고,

3 170℃로 달군 올리브유(3컵)에 녹말가루를 묻힌 닭날개를 넣어 10~12분 정도 노릇하게 튀겨 건지고,

4 **소스** 재료를 끓이고,

5 끓인 소스에 튀긴 닭날개를 넣고 고루 섞고,

6 그릇에 담아 마무리.

호박잎된장국

by. 임미자 선생님 (2014년 9월 1일 방영)

여름 한 철 맛볼 수 있는 호박잎은
된장에 곁들여 쌈으로 먹는데요.
구수하게 끓여 낸 된장국 메인 재료로도 참 잘 어울린답니다.
어린 순으로 끓이면 된장 맛이 잘 배어들어요.
들깻가루는 꼭 넉넉히 넣어 부드럽고 고소하게 맛보세요.

☆☆☆☆☆

호박잎 듬뿍 넣어서 된장국 하나 뚝딱 끓여내면 시원하면서도 깊은 맛이 나더라고요. 들깻가루도 넉넉히 뿌리니 고소하면서 맛이 더욱 살아났어요! (ID : wlls***)

☆☆☆☆☆

호박잎으로 된장국 구수하게 끓여내면 이만한 해장국이 또 있을까요. 호호 불어 한 숟가락 떠먹을 때마다 가족들의 표정이 밝아지더라고요. 호박잎은 넉넉히 넣는 게 좋아요. 금방 없어지거든요. (ID : hep1***)

READY | 4인분

필수 재료
호박잎(150g), 감자(1개), 대파($\frac{1}{2}$대)

선택 재료
홍고추(1개)

멸치육수 재료
물(7컵), 잔멸치(20g)

양념
된장(3큰술), 들깻가루($\frac{1}{2}$컵), 다진 마늘(1큰술), 소금($\frac{1}{2}$작은술)

RECIPE

TIP 길고 억센 줄기는 제거하고 호박잎만 사용해도 좋아요.

TIP 볶음용 잔멸치로도 깊고 진한 멸치 육수를 낼 수 있어요.

1 호박잎 줄기의 거친 섬유질을 벗겨 한입 크기로 썰고, 감자는 껍질을 벗겨 4등분해 도톰하게 썰고, 대파와 홍고추는 어슷 썰고,

2 중간 불로 달군 냄비에 멸치를 넣어 볶다가 물(7컵)을 부어 10분 정도 끓인 뒤 멸치를 건지고,

3 멸치육수에 된장(3큰술)을 넣어 고루 푼 뒤 들깻가루, 손질한 감자, 호박잎을 넣고 뚜껑을 덮어 중간 불로 10~15분 정도 끓이고,

4 다진 마늘(1큰술), 소금($\frac{1}{2}$작은술), 어슷 썬 홍고추와 대파를 넣고 한소끔 끓여 마무리.

뱅어포는 고추장양념에 구워 밥반찬으로만 먹었다고요?
감자와 함께 바삭하게 튀겨 샐러드에 넣어보세요.
고소한 맛과 식감으로 샐러드에 생기를 불어넣는답니다.
과일로 만든 드레싱이 상큼함을 더해줘요.

뱅어포샐러드

by. 임미자 선생님 (2016년 7월 12일 방영)

☆☆☆☆☆

상큼한 파인애플로 드레싱을 해서 뱅어포 샐러드를 만드니 느끼하지 않으면서 균형이 딱 맞았어요. 다음에는 다른 과일로도 드레싱을 더 해봐야겠어요. (ID : baoo***)

☆☆☆☆☆

고소하면서 쫄깃한 뱅어포 샐러드 하나면 다른 샐러드 레시피가 필요 없을 정도예요. 문제는 너무 맛있어서 자꾸 술안주로 바뀐다는 거죠. (ID : ppef***)

READY | 4인분

필수 재료
감자(130g), 뱅어포(1장), 양상추(약간), 빨간 파프리카(45g), 어린잎채소(약간)

선택 재료
치커리(약간)

소스 재료
통조림 파인애플(100g), 파인애플 국물(4큰술), 식초(2큰술), 오렌지주스(3큰술), 꿀(1큰술)

RECIPE

TIP 감자를 물에 담가둔 뒤 바싹 말리면 바삭한 식감이 살아요.

1 감자는 얇게 썬 뒤 물에 3~4시간 담가 전분기를 뺀 뒤 물기를 제거해 채반에 펼쳐 바짝 말리고,

2 뱅어포는 한입 크기로 썰고, 양상추와 치커리는 한입 크기로 썰고, 빨간 파프리카는 잘게 썰고,

3 160℃로 달군 식용유(1컵)에 뱅어포, 말린 감자를 넣어 튀겨 건지고,

TIP 더욱 새콤한 맛을 원할 땐 식초 또는 레몬즙을 더 넣어도 좋아요.

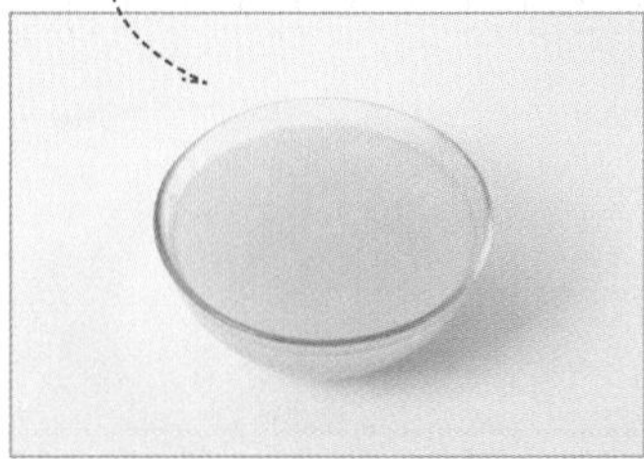

4 믹서에 **소스 재료**를 넣고 곱게 갈고,

5 그릇에 손질한 양상추, 치커리와 어린잎채소를 담고,

6 튀긴 뱅어포와 감자, 잘게 썬 파프리카를 얹고 소스를 곁들여 마무리.

냉소면

by. 임성근 선생님 (2017년 6월 22일 방영)

시원한 게 생각나는 무더운 여름에는
얼음 동동 띄운 새콤한 육수에
김가루 듬뿍 얹은 냉소면만 한 게 없죠.
청양고추를 다져 넣어 칼칼함을 더했고요,
레몬으로 상큼함을 끌어올렸답니다.

☆☆☆☆☆

냉소면 하나면 입맛 없고 무더운 여름날 후루룩 한 그릇이 뚝딱이에요. 심심할 수 있는 국물에 청양고추와 레몬을 더하니 상큼하면서 칼칼한 맛이 제대로에요! (ID : nslo***)

READY | 2인분

필수 재료
소면(160g), 김(6장), 청양고추(1개)

냉국 재료
식초($\frac{1}{2}$컵), 소금(1큰술), 설탕(2큰술), 레몬즙($\frac{1}{2}$개 분량)

양념
소금(약간), 깨소금(1큰술), 매운 고춧가루($\frac{1}{2}$큰술)

RECIPE

TIP 물 대신 멸치나 다시마 우린 물을 섞어 진한 맛을 내도 좋아요.

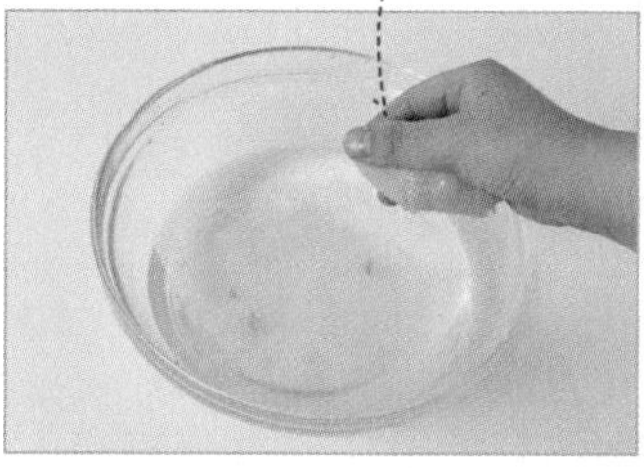

1 물(2컵)에 얼음(1컵)을 넣은 뒤 식초($\frac{1}{2}$컵), 소금(1큰술), 설탕(2큰술), 레몬즙을 넣어 고루 섞고,

2 김은 앞뒤로 살짝 구운 뒤 비닐봉지에 넣어 잘게 부수고, 청양고추는 곱게 다지고,

3 끓는 물에 소면을 넣어 끓어오르면 찬물을 2~3번 정도 나눠 부어 삶은 뒤 찬물에 헹궈 건지고,

TIP 오이나 당근, 콩나물을 곁들여 아삭함을 더해도 좋아요.

4 삶은 소면, 부순 김을 그릇에 담아 냉국을 붓고,

5 곱게 다진 청양고추와 깨소금(1큰술), 매운 고춧가루($\frac{1}{2}$큰술)를 뿌려 마무리.

뚝배기알찜

by. 임효숙 선생님 (2008년 10월 21일 방영)

쇠고기를 다져 넣어 업그레이드된 달걀찜을 만나보세요.
달걀은 체에 내려 부드러움을 더했고요.
달콤 짭조름하게 볶은 표고버섯을 올렸더니 씹는 맛도 살아나요.
게살, 새우 등 좋아하는 재료를 넣어도 좋아요.

READY | 4인분

필수 재료
불린 표고버섯(2개), 홍고추(1개), 쪽파(4대), 달걀(4개), 다진 소고기(20g)

양념
소금(약간), 참기름(적당량), 참깨(약간)

버섯 양념
진간장($\frac{1}{2}$작은술), 설탕($\frac{1}{2}$작은술), 후추(약간), 참기름($\frac{1}{2}$작은술)

소고기 양념
다진 파(1작은술), 진간장(1작은술), 다진 마늘(1작은술), 후추(약간), 참기름(1작은술)

RECIPE

1 불린 표고버섯과 홍고추는 잘게 채 썰고, 쪽파는 송송 썰고,

2 달걀은 물(1컵)과 소금(약간)을 넣어 고루 섞은 뒤 체에 한 번 내리고,

3 채 썬 표고버섯은 **버섯 양념**에 고루 버무리고, 다진 소고기는 **소고기 양념**에 고루 버무리고,

4 중간 불로 달군 팬에 식용유($\frac{1}{2}$작은술)를 둘러 양념한 표고버섯을 볶아 꺼내고,

TIP 참기름을 발라 찌면 뚝배기에 달걀이 달라붙는 것을 막아줘요.

5 뚝배기에 참기름을 바른 뒤 달걀물을 붓고 양념한 소고기를 넣어 고루 섞고,

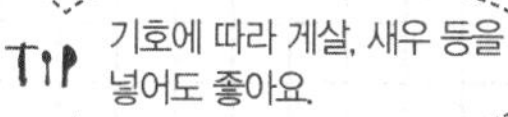

6 뚜껑을 닫은 뒤 찜통에서 중간 불로 25분 정도 쪄내 꺼내고,

7 익힌 달걀 위에 볶은 표고버섯, 채 썬 홍고추, 송송 썬 쪽파, 참깨를 얹어 마무리.

주먹밥을 노릇노릇하게 구우면
쫀득한 식감이며 구수한 맛이 별미죠.
소고기로 든든하게 속을 채우고
바비큐소스 발라 달달하게 구웠더니
감칠맛이 더욱 좋아졌어요.

바비큐소스구운주먹밥

by. 임효숙 선생님 (2015년 3월 13일 방영)

RECIPE

1 **배합초**를 만들고,

TIP 고슬고슬하게 지은 밥으로 꼭 뜨겁게 준비해주세요.

2 뜨거운 밥에 배합초를 넣어 골고루 잘 섞어 한 김 식혀 두고,

READY | 4인분

필수 재료
뜨거운 밥(3공기), 다진 소고기(50g), 김(적당량)

배합초
2배식초(2큰술), 설탕(4큰술), 소금(2작은술), 레몬(4조각)

밑간
간장($\frac{1}{2}$큰술), 설탕(1작은술), 참기름(1작은술), 다진 마늘(1작은술), 다진 대파(1작은술), 후춧가루(약간)

바비큐소스
물(10큰술), 간장(2$\frac{1}{2}$큰술), 계피(5g), 물엿(2큰술), 설탕($\frac{1}{2}$큰술), 생강(1톨)

3 다진 소고기는 **밑간**해 5분 정도 재우고,

4 냄비에 **바비큐소스** 재료를 넣고 반 정도로 졸여 바비큐소스를 만들고,

5 중간 불로 달군 팬에 밑간한 소고기를 넣어 젓가락으로 풀어가며 완전히 익을 때까지 볶은 뒤 키친타월에 밭쳐 수분과 기름기를 제거하고,

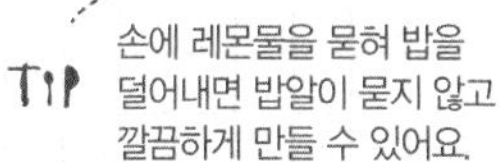

TIP 손에 레몬물을 묻혀 밥을 덜어내면 밥알이 묻지 않고 깔끔하게 만들 수 있어요.

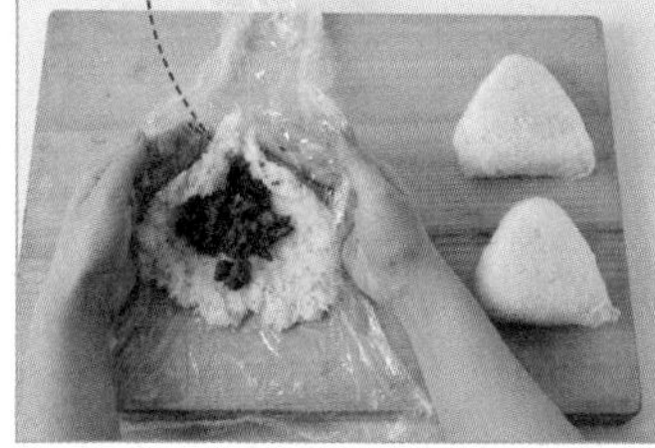

6 삼각주먹밥 틀에 랩을 씌운 뒤 밥→볶은 소고기→밥 순으로 넣고 주먹밥 틀을 올려 꾹 누르고,

TIP 삼각주먹밥 틀에 랩을 씌우면 밥이 쉽게 빠져요.

7 약한 불로 달군 팬에 식용유를 둘러 주먹밥을 앞뒤로 노릇하게 굽고,

8 바비큐소스를 발라가며 타지 않게 약한 불로 굽고 길쭉하게 자른 김을 붙여 마무리.

불고기크레이프샌드위치

by. 임효숙 선생님 (2017년 8월 10일 방영)

얇게 부친 크레이프에 불고기를 올려 돌돌 말면
별미 샌드위치가 완성돼요.
아삭한 채소를 곁들여 식감을 더하고요,
가지잼으로 포인트를 주었답니다.

RECIPE

1 양상추는 한입 크기로 찢고, 양파, 홍피망, 청피망은 얇게 채 썰고, 슬라이스 체다치즈는 4등분하고,

READY | 4인분

필수 재료
양상추(200g), 양파(½개), 홍피망(1개), 청피망(1개), 슬라이스 체다치즈(5장), 소고기(불고기용 200g)

반죽
박력분(100g), 우유(1컵), 소금(½작은술), 설탕(1큰술), 녹인 버터(2큰술), 달걀노른자(1개)

소고기 양념
간장(1큰술), 설탕(⅔큰술), 후춧가루(약간), 참기름(1큰술), 다진 파(½큰술), 다진 마늘(1큰술)

양념
마요네즈(4큰술), 연겨자(1큰술), 가지잼(2큰술)

TIP 반죽을 체에 걸러주면 덩어리가 없어져 더 부드러워져요.

2 **반죽** 재료를 섞어 체에 곱게 걸러 10분 정도 숙성시키고,

TIP 밑면이 익은 뒤 뒤집어야 반죽이 찢어지지 않아요.

TIP 팬을 흔들어 반죽이 잘 움직이면 아랫면이 다 익은 거예요.

TIP 샌드위치 속 재료는 수분을 제거해야 샌드위치가 눅눅해지지 않아요.

3 약한 불로 달군 팬에 식용유(1.5)를 둘러 키친타월로 팬에 고루 바른 뒤 반죽을 한 국자 정도 부어 얇게 펴서 굽고,

4 젓가락으로 반죽을 뒤집어 노릇하게 구운 뒤 쿠킹 포일에 올려 한 김 식히고,

5 소고기는 키친타월로 핏물을 제거해 **소고기 양념**에 10분 정도 재운 뒤 센 불로 달군 팬에 완전히 익혀 키친타월로 눌러 수분을 제거하고,

6 마요네즈(4큰술), 연겨자(1큰술)를 섞은 뒤 크레이프에 바르고 양상추, 불고기를 올린 뒤 가지잼(2큰술)을 올리고,

TIP 가지잼 레시피는 100쪽에서 확인해보세요.

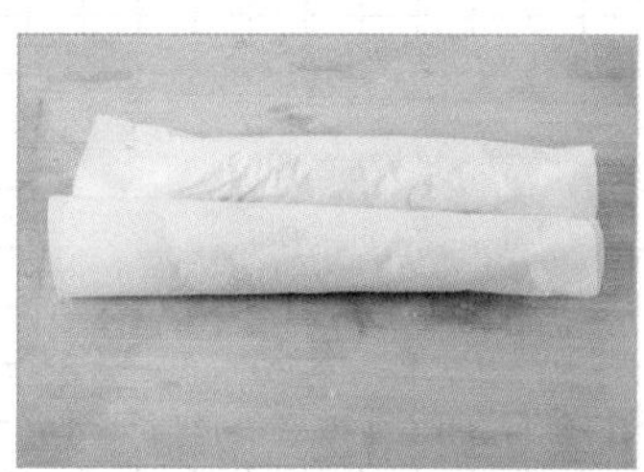

7 채 썬 홍피망, 청피망, 양파, 슬라이스 체다치즈를 올려 크레이프를 돌돌 만 뒤 종이포일로 한 번 더 말고,

TIP 구운 크레이프는 잠시 둔 뒤 썰어야 잘 풀리지 않아요.

8 돌돌 만 크레이프를 먹기 좋게 썰어 그릇에 담아 마무리.

파새우탕

by. 전진주 선생님 (2017년 12월 4일 방영)

새우가 통통하게 살이 오른 가을에 끓여 먹으면
더 맛있을 파새우탕이에요.
시원한 맛과 감칠맛의 대명사인 새우는 그야말로 천연 조미료이지요.
거기에 미역 한 움큼으로 쫄깃한 식감도 담고요.
칼칼한 맛에 술안주로도 해장국으로도 손색없어요.

☆☆☆☆☆

매콤하면서도 시원한 파와 새우가 들어가니 술안주로 딱이에요. 한 숟가락 떠먹을 때마다 속이 후련하네요. (ID : pllw***)

READY | 4인분

필수 재료
새우(20마리), 무($1\frac{1}{2}$토막), 대파(2대), 풋고추(1개)

선택 재료
불린 미역(120g), 홍고추(1개)

육수 재료
물(6컵), 멸치(20g)

양념
매운 고춧가루($\frac{1}{2}$큰술), 고춧가루(1큰술), 청주(3큰술), 다진 마늘(1큰술), 소금(약간).

RECIPE

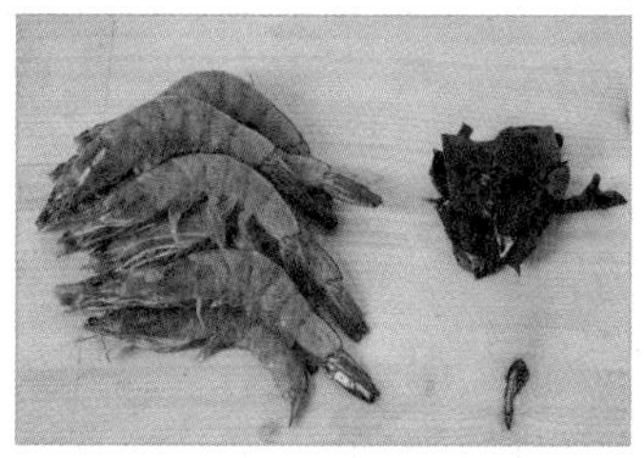

1 새우는 수염, 뾰족한 입을 제거하고, 불린 미역은 한입 크기로 썰고,

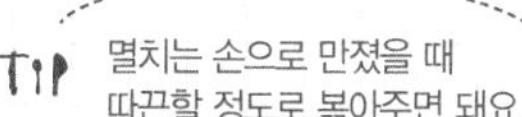

TIP 멸치는 손으로 만졌을 때 따끈할 정도로 볶아주면 돼요.

TIP 대파를 많이 넣으면 국물이 시원해져요.

2 무는 나박 썰고, 대파는 반으로 갈라 큼직하게 썰고, 풋고추와 홍고추는 어슷 썰고,

3 멸치는 내장, 머리를 제거한 뒤 중간 불로 달군 냄비에 살짝 볶다가 물(6컵)을 부어 15분 정도 끓이고,

4 건더기를 건져낸 육수에 나박 썬 무, 대파, 매운 고춧가루($\frac{1}{2}$큰술), 고춧가루(1큰술), 소금을 넣어 한소끔 끓이고,

TIP 새우가 붉게 익을 때까지만 끓여야 탱탱한 식감이 살아요.

5 새우, 불린 미역을 넣어 끓어오르면 청주(3큰술), 다진 마늘(1큰술)을 넣고,

TIP 국물에 떠오른 거품을 걷어내면 깔끔한 맛을 낼 수 있어요.

6 어슷 썬 홍고추, 풋고추를 넣어 살짝 끓여 마무리.

팽이버섯냉채

by. 전진주 선생님 (2018년 8월 21일 방영)

항상 조연으로만 등장하던 팽이버섯을 주인공으로 초대했어요.
파프리카랑 부추를 더하니 알록달록 색감이 참 예쁘네요.
잣가루와 검은깨로 소스에 힘을 좀 줬더니
손님상에 내놓아도 손색없는 냉채가 완성되었어요.

☆☆☆☆☆

팽이버섯과 갖은 재료를 더하니 알록달록한 게 너무 예뻐요. 만들기도 쉬워서 손님상에 내놓을 때 금방 준비하기에 딱이었어요. 검은깨가 포인트에요! (ID : pllw***)

☆☆☆☆☆

다이어트는 해야 하는데 칼로리는 신경쓰이는 그런 날. 팽이버섯을 면처럼 후루룩 한 입 먹으면 국수 생각도 멀어지고 딱이에요. (ID : bppd***)

READY | 4인분

필수 재료

팽이버섯(2봉), 부추(15대), 빨강 파프리카(¼개), 노랑 파프리카(¼개)

냉채소스

소금(½큰술), 설탕(1큰술), 식초(3큰술), 연겨자(½큰술), 매실청(2큰술), 다진 마늘(1큰술)

양념

검은깨(5큰술), 잣가루(1큰술)

RECIPE

TIP 식초에 설탕을 먼저 넣은 뒤 설탕이 충분히 녹을 때까지 잘 섞어주세요.

1 밑동을 제거한 팽이버섯은 먹기 좋게 찢고, 부추는 5cm 길이로 자르고, 파프리카도 같은 길이로 채 썰고,

2 **냉채소스**를 만들고,

3 믹서에 검은깨(5큰술)를 넣고 곱게 갈고,

TIP 파프리카 대신 홍고추, 당근, 양파를 넣어도 맛있어요.

4 중간 불로 달군 팬에 팽이버섯을 넣어 살짝 볶아 건진 뒤 그릇에 펼쳐 담아 한 김 식히고,

5 냉채소스에 채 썬 파프리카, 검은깨, 잣가루(1큰술), 볶은 팽이버섯을 넣고 고루 버무리고,

6 그릇에 먹기 좋게 담아 마무리.

매운닭고기무침

by. 정미경 선생님 (2010년 11월 30일 방영)

닭가슴살을 데쳐 닭 비린내 없이
담백한 맛이 좋은 닭고기무침이에요.
고춧가루를 더한 칼칼한 양념에 무쳤더니 술안주,
별미 야식으로도 딱이네요.
소면을 삶아 같이 버무려서 한 끼 식사로도 즐겨보세요.

☆☆☆☆☆

퍽퍽할 수 있는 닭가슴살에 양파와 미나리를 넣고 소스를 더하니 반찬으로도 딱이네요. 소면을 더해서 비벼먹으니 메인 메뉴로도 훌륭해요. (ID : jmms***)

☆☆☆☆☆

한창 운동 중이라서 요리되지 않은 닭가슴살만 열심히 먹고 있었어요. 물론 얼마 가지 않아 질려버렸죠. 맵게 양념해서 닭가슴살 만드니 훨씬 맛있고 부담도 덜해졌어요. (ID : wpd7***)

READY | 4인분

필수 재료

닭가슴살(2쪽), 미나리(10줄기), 양파($\frac{1}{4}$개)

양념

고춧가루(2큰술), 간장(2큰술), 식초(1큰술), 청주(1큰술), 물엿(1큰술), 다진 마늘($\frac{1}{2}$큰술), 겨자($\frac{1}{2}$큰술)

RECIPE

TIP 닭가슴살을 삶은 물에 그대로 담가 식히면 수분을 흡수해 촉촉해져요.

1 끓는 물에 닭가슴살을 넣고 7~8분 정도 삶은 뒤 물에 담근 채로 식혀 두고,

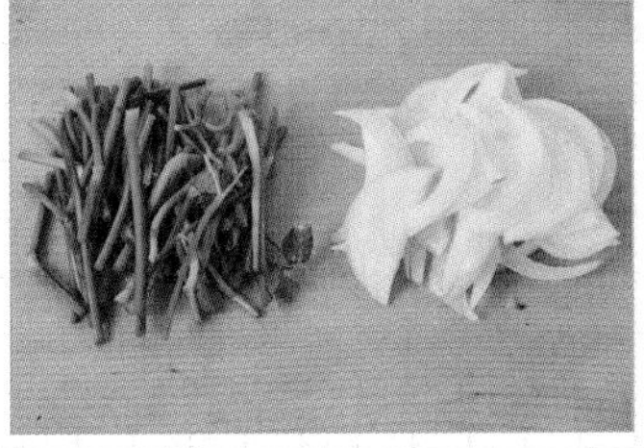

2 미나리는 4~5cm 길이로 자르고, 양파는 채 썰고,

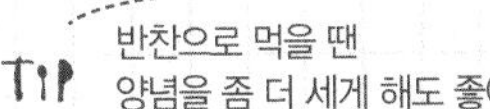

3 **양념**을 만들고,

4 양념에 찢어놓은 닭가슴살을 넣어 버무린 뒤 양파, 미나리를 넣어 섞고,

5 그릇에 매운닭고기무침을 담아 마무리.

멸치깻잎찜

by. 정미경 선생님 (2008년 9월 20일 방영)

엄마 반찬이 생각날 때 가장 먼저 떠오르는 깻잎찜.
깻잎은 살짝 쪄 향긋함을 배로 끌어 올리고,
뒷맛이 살짝 매콤한 양념장은 촉촉하게 끼얹었어요.
한 번에 넉넉히 만들어 냉장고에 보관해 뒀다가
두고두고 꺼내 드세요.

☆☆☆☆☆

깻잎은 참 무궁무진하게 쓸 수 있는 재료같아요. 멸치를 더해서 양념장을 끼얹으니 한동안 반찬 걱정은 확 사라지네요. 밥이랑 싸먹을 때마다 배어 나오는 양념이 짭짤하면서 달큰한 게 너무 맛있어요. (ID : ggl9***)

☆☆☆☆☆

살짝 쪄낸 깻잎찜이 부드러우면서 식감도 훨씬 좋더라고요. 밥 위에 척하니 올려서 먹다 보면 어느새 한 공기가 뚝딱. 만들기도 쉬워서 자주 해 먹어야겠어요. (ID : ggl9***)

READY | 4인분

필수 재료
육수용 멸치(6마리), 깻잎(30장)

양념장
다시마육수(2큰술), 설탕($\frac{1}{2}$큰술), 고춧가루($\frac{1}{2}$큰술), 간장(2큰술), 다진 파(1큰술), 다진 마늘(1작은술), 물엿(1큰술), 참기름(1작은술), 참깨(약간)

RECIPE

1 육수용 멸치는 머리와 내장을 제거한 뒤 잘게 찢고, 깻잎은 깨끗이 씻어 체에 밭쳐 물기를 빼고,

2 **양념장**에 잘게 찢은 멸치를 넣어 고루 섞고,

3 깻잎을 두 장씩 지그재그로 겹쳐 양념장을 발라 5분 정도 재우고,

4 김이 오른 찜통에 넣어 5분 정도 찌고,

5 쪄낸 깻잎을 그릇에 담고 남은 양념장을 골고루 끼얹어 마무리.

아삭이고추김치

by. 정미경 선생님 (2014년 6월 29일 방영)

무더운 여름, 집 나간 입맛을 찾아주는 아삭이고추김치!
아삭이고추와 무, 향긋한 부추의 맛이 어우러져
매콤하고 시원한 맛이 일품이에요.
찬밥에 물 말아 아삭한 김치로 입맛 살려보세요.

TIP 아삭이고추에 칼집 낸 부분이 유연하게 벌려지면 잘 절여진 거예요.

RECIPE

1 아삭이고추는 양끝에 1cm 정도만 남기고 세로로 칼집을 낸 뒤 절임물에 넣어 30분 정도 절이고,

2 절인 아삭이고추는 씨를 제거한 뒤 물에 헹궈 체에 밭쳐 물기를 빼고,

READY | 4인분

필수 재료
아삭이고추(7개), 부추(18대), 무(1토막)

절임물
물(5컵), 천일염($\frac{1}{2}$컵)

밀가루풀
물(1$\frac{1}{2}$컵), 밀가루(2큰술)

양념
고춧가루($\frac{1}{3}$컵), 멸치액젓(2큰술), 새우젓(1$\frac{1}{2}$큰술), 설탕(2작은술), 다진 마늘(1큰술), 다진 생강(1작은술)

3 부추는 4cm 길이로 썰고, 무는 부추와 같은 길이로 채 썰고,

4 냄비에 **밀가루풀** 재료를 넣어 중간 불에서 저어가며 끓여 식혀 두고,

5 채 썬 무에 고춧가루를 넣어 고루 비벼 색을 내고,

6 나머지 **양념**과 부추, 밀가루풀($\frac{2}{3}$컵)을 섞어 김칫소를 만들고,

7 물기를 뺀 아삭이고추에 김칫소를 채우고 밀폐 용기에 담아 마무리.

TIP 아삭이고추김치는 익혀서 먹기보다는 바로 먹는 게 더 맛있어요.

목살스테이크샐러드

by. 정미경 선생님 (2013년 9월 6일 방영)

부드럽게 두드려 구운 목살을
레드와인이 들어간 소스에 조렸더니 풍미가 끝내주네요.
상큼한 채소를 곁들이고 달걀프라이까지 얹었더니
엄지 척! 외식 부럽지 않은 한 접시가 완성되었어요.

RECIPE

1 양파는 얇게 채 썰고, 통조림 파인애플과 방울토마토는 2등분하고,

READY | 2~3인분

필수 재료
양파($\frac{1}{2}$개), 돼지고기(목살 600g), 샐러드채소(75g), 통조림 파인애플(125g)

선택 재료
방울토마토(6개), 통조림 옥수수(1컵), 달걀프라이(4개)

밑간
청주(1큰술), 다진 생강(1작은술), 후춧가루(약간)

스테이크 소스
레드와인(4큰술), 돈가스 소스(4큰술), 월계수잎(1장), 간장(1큰술),다진 마늘($\frac{1}{2}$큰술), 올리고당($2\frac{1}{2}$큰술)

드레싱
설탕(2작은술)+소금(약간)+다진 양파(2큰술)+다진 마늘($\frac{1}{2}$큰술)+식초(1큰술)+올리브유(3큰술)

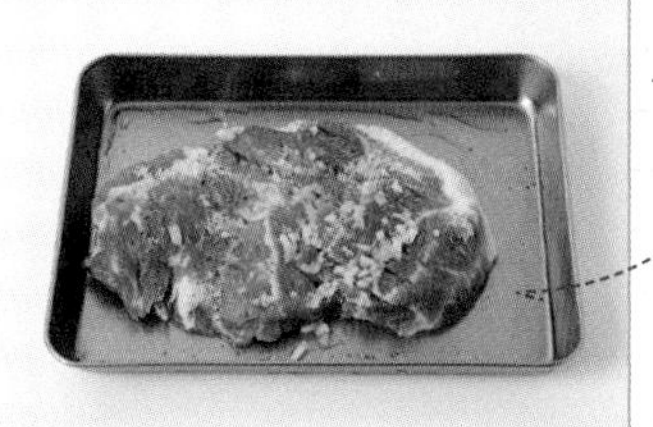

TIP 뒷면은 앞면과 반대방향으로 칼집을 내주세요.

2 돼지고기는 앞뒤를 칼등으로 두드린 뒤 칼집을 내 **밑간**해 재우고,

TIP 올리브유는 마지막에 넣어야 드레싱이 잘 섞여요.

3 **드레싱**을 만들고,

4 **스테이크 소스** 재료를 넣고 한소끔 끓이고,

5 센 불로 달군 그릴 팬에 돼지고기의 겉을 노릇하게 익혀 중약 불에서 $\frac{2}{3}$정도만 익히고,

6 구운 돼지고기를 스테이크소스에 넣어 소스가 걸쭉해질 때까지 조리고,

7 샐러드채소에 드레싱을 넣어 가볍게 버무린 뒤 그릇에 담고, 채 썬 양파, 2등분한 방울토마토, 통조림 파인애플을 곁들이고,

8 스테이크를 담고 달걀프라이를 얹어 마무리.

연어마요네즈롤

by. 정미경 선생님 (2015년 8월 27일 방영)

오메가-3가 풍부하게 들어 있는 연어는
꾸준히 먹어줘야 할 영양 만점 식재료죠.
고소한 마요네즈와 버무려 김밥 속에도 채우고
아보카드와 곁들여 롤 위에도 올려 연어파티를 벌여보세요.
향긋한 깻잎이 맛을 깔끔하게 잡아준답니다.

RECIPE

1 오이는 돌려 깎아 채 썰고, 아보카도는 껍질을 벗겨 납작하게 썰고,

2 통조림 연어는 기름기를 뺀 뒤 마요네즈(2큰술)를 넣어 고루 섞고,

READY | 4인분

필수 재료
통조림 연어(1캔), 밥(2공기), 구운 김(2장), 훈제연어(40g), 깻잎(4장), 오이($\frac{1}{2}$개)

선택 재료
아보카도($\frac{1}{4}$개), 맛살(4개)

배합초
소금(2작은술), 설탕(1$\frac{1}{3}$큰술), 식초(2큰술)

양념
마요네즈(2큰술), 검은깨(1작은술)

3 **배합초**를 만들고,

4 뜨거운 밥에 배합초를 넣고 고루 섞어 한 김 식혀 두고,

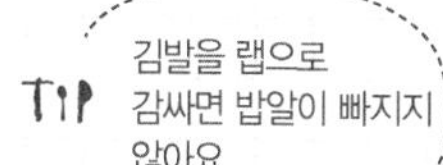

5 김발에 물을 묻혀 랩으로 감싼 뒤 김발의 $\frac{2}{3}$정도 사이즈로 자른 구운 김을 얹고,

TIP 김의 거친 면에 밥을 얹으면 떨어지지 않게 잘 만들 수 있어요.

6 구운 김 위에 밥을 적당량 올려 골고루 편 뒤 검은깨(1작은술)를 뿌려 뒤집고,

7 깻잎(2장)→채 썬 오이→맛살(1개) 순으로 얹어 돌돌 말고,

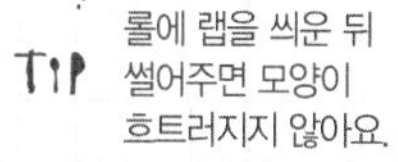

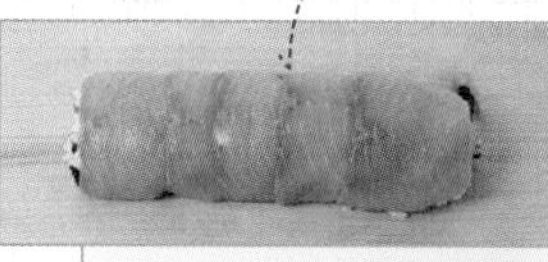

8 롤에 랩을 씌운 뒤 한입 크기로 썰고 훈제연어, 아보카도를 토핑으로 얹어 마무리.

명란오이무침

by. 정호영 선생님 (2018년 10월 11일 방영)

짭조름한 밥도둑 명란젓에 살짝 변화를 줘볼까요?
오이를 손으로 툭툭 뜯어 넣어
아삭한 식감과 향을 한껏 살렸답니다.
베트남고추로 매운맛을 더했더니
따끈한 흰밥 한 그릇을 금세 비워내네요.

☆☆☆☆☆ 

오이랑 명란만 있으면 쉽게 만들수 있을만큼 간단하면서 반찬 수 하나 늘리기에 딱이에요. 짭짤하면서 심심할 수 있는 식감을 오이가 제대로 살려주네요. (ID : much***)

☆☆☆☆☆

명란을 잘 못 먹는 편이었는데, 오이랑 무쳐서 매운 베트남 고추를 더하니 맛이 확 살아나네요. 아삭한 오이 덕분에 식감도 좋았어요. (ID : pxmd***)

TIP 명란젓은 알만 발라 준비해요.

READY | 4인분

필수 재료
오이(1개), 명란젓(120g), 베트남고추(2개)

양념
소금(약간), 참기름(1큰술)

RECIPE

TIP 씨를 제거한 오이를 손으로 두드려주면 오이 특유의 향과 맛이 더욱 진해져요.

1 오이는 양끝을 제거해 반 갈라 씨를 제거한 뒤 손으로 두드려 한입 크기로 뜯고,

2 오이에 소금(약간)을 뿌려 3분 정도 절인 뒤 물기를 제거하고,

3 절인 오이에 명란젓, 잘게 자른 베트남고추, 참기름(1큰술)을 고루 버무려 마무리.

소고기스키야키

by. 정호영 선생님 (2018년 3월 23일 방영)

온 가족이 둘러앉아 푸짐하게 먹기 좋은 메뉴예요.
소고기와 두부, 각종 채소를 살짝 볶아
달짝지근하게 만든 육수에 자작하게 졸여 먹으면
끝까지 맛있게 먹을 수 있답니다.
소스로 달걀노른자 곁들이는 것도 잊지 마시고요.

RECIPE

1 알배추는 줄기 부분을 칼로 두드려 한입 크기로 저며 썰고, 양파는 굵게 채 썰고, 표고버섯은 편으로 썰고, 두부는 4×5㎝ 크기로 썰고,

READY | 4인분

필수 재료
알배추(4장), 양파($\frac{1}{4}$개), 표고버섯(2개), 두부($\frac{1}{2}$모), 소고기(설도 180g)

선택 재료
불린 당면(30g), 달걀(1개)

육수 재료
다시마(10g), 가다랑어포(25g)

양념
간장($\frac{1}{2}$컵), 맛술($1\frac{1}{2}$컵), 청주($\frac{1}{4}$컵)

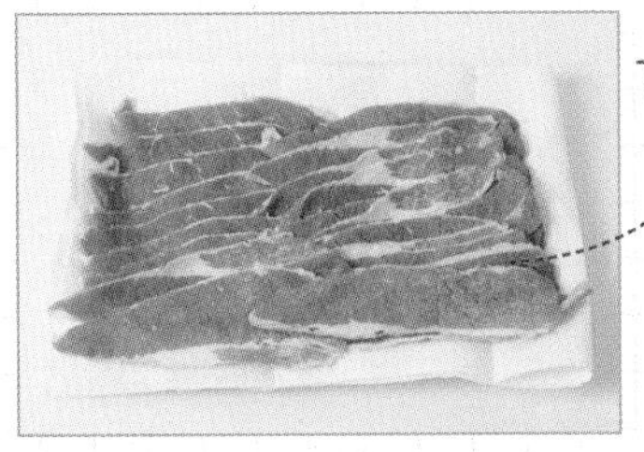

TIP 소고기는 핏물을 제거해야 잡내가 나지 않고 국물이 깔끔해져요.

2 소고기는 키친타월로 두드려 핏물을 제거하고,

TIP 맛술을 넣으면 단맛과 윤기가 더해지고 청주를 넣으면 고기의 잡내가 사라져요.

TIP 기호에 따라 베트남고추(3개)를 잘게 부숴 넣어 매콤하게 만들어도 좋아요.

TIP 양념은 완전히 식힌 뒤 버무려줘야 재료 속까지 간이 잘 스며들어요.

3 냄비에 물($2\frac{1}{2}$컵), 다시마를 넣어 끓어오르면 건져낸 뒤 가다랑어포를 넣어 5분 정도 우려 **육수**를 만들고,

4 육수(1컵)에 **양념**을 넣어 센 불에서 2분 정도 끓인 뒤 한 김 식히고,

5 핏물을 뺀 소고기에 알배추, 식힌 국물($\frac{1}{2}$컵)을 넣어 고루 버무린 뒤 1분 정도 재우고,

TIP 두부는 기름을 두르지 않고 구워야 국물이 느끼해지지 않아요.

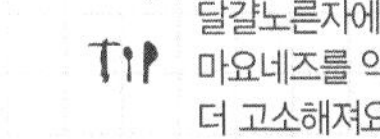

TIP 달걀노른자에 마요네즈를 약간만 섞어주면 더 고소해져요.

6 중간 불로 달군 팬에 두부를 앞뒤로 노릇하게 구워 건진 뒤 재운 소고기, 알배추, 굵게 채 썬 양파, 표고버섯을 살짝 볶고,

7 냄비에 볶은 소고기, 표고버섯, 알배추, 양파, 구운 두부를 보기 좋게 담은 뒤 식힌 국물($1\frac{1}{2}$컵)을 붓고 불린 당면을 넣어 센 불에서 5분 정도 끓이고,

8 달걀을 고루 풀어 곁들여 마무리.

칠리소스별미밥

by. 최경숙 선생님 (2005년 7월 12일 방영)

매일 먹는 밥을 색다르게 즐기고 싶다면
칠리토마토소스에 좋아하는 재료를 다져 넣고
치즈 듬뿍 얹어 그라탱 스타일로 즐겨보세요.
육수로 밥을 지어 감칠맛이 살아 있답니다.

RECIPE

1 비엔나소시지는 어슷하게 썰고, 베이컨은 1cm 폭으로 썰고, 통조림 옥수수는 체에 밭쳐 물기를 빼고,

READY | 4인분

필수 재료
비엔나소시지(3개), 베이컨(60g), 통조림 옥수수(100g), 양파(100g), 쌀(300g), 통조림 토마토(250g), 칠리소스(50g)

선택 재료
청피망(1개), 셀러리(50g), 피자치즈(1봉=150g)

육수
치킨스톡(고체형 1개), 소금(1작은술), 후춧가루(약간)

2 양파는 잘게 다지고, 청피망은 씨를 제거한 뒤 잘게 썰고, 셀러리는 1cm 두께로 썰고,

TIP 쌀은 물에 살짝 담갔다 건진 뒤 물기를 제거해 준비해요.

3 뜨거운 물(2컵)에 치킨스톡, 소금(1작은술), 후춧가루(약간)를 넣어 **육수**를 만들고,

4 중간 불로 달군 팬에 올리브유(2큰술)를 둘러 다진 양파를 투명해질 때까지 볶다가 베이컨을 넣어 볶고,

5 베이컨이 노릇해지면 쌀을 넣어 투명해질 때까지 볶다가 손질한 비엔나소시지, 셀러리, 피망을 넣어 볶고,

TIP 칠리소스 대신 토마토케첩과 핫소스를 섞어 사용해도 좋아요.

6 통조림 토마토, 칠리소스, 통조림 옥수수를 넣어 고루 섞은 뒤 육수를 부어 고루 젓고,

7 육수가 자작하게 졸아들 때까지 끓인 뒤 뚜껑을 덮어 약한 불로 25분 정도 뜸 들이고,

8 피자치즈를 듬뿍 올리고 올리브유를 뿌려 마무리.

새송이치즈범벅

by. 최인선 선생님 (2018년 9월 6일 방영)

치즈 마니아라면 그냥 지나갈 수 없는 메뉴예요.
쫄깃한 새송이버섯과 체다치즈를 켜켜이 쌓아 구웠더니
고기 부럽지 않은 식감과 고소한 맛의 조화가 끝내준답니다.
향긋한 허브 버터가 버섯의 풍미를 한껏 끌어올려줘요.

READY | 4인분

필수 재료
새송이버섯(140g), 슬라이스 체다치즈(3½장), 송송 썬 쪽파(약간)

양념
올리브유(1큰술), 버터(1큰술), 허브소금(1½큰술)

RECIPE

TIP 새송이버섯을 납작하게 누르면 굽는 면적이 넓어져 앞뒤로 골고루 구울 수 있어요.

1 새송이버섯은 손으로 납작하게 누르고,

2 중간 불로 달군 팬에 올리브유(1큰술)를 둘러 납작 누른 새송이버섯을 올려 앞뒤로 노릇하게 굽고,

3 볼에 버터(1큰술), 허브소금(1큰술)을 넣어 전자레인지에 돌려 녹이고,

4 구운 새송이버섯에 녹인 버터를 끼얹어가며 구운 뒤 키친타월에 받쳐 기름기를 제거하고,

TIP 구운 새송이버섯을 결대로 찢어주면 쫄깃한 식감이 살아나요.

5 한 김 식힌 새송이버섯은 결대로 먹기 좋게 찢고,

6 약한 불로 달군 팬에 구운 새송이버섯, 슬라이스 체다치즈(3½장)를 켜켜이 올려 뚜껑을 덮은 뒤 센 불에 1분 정도 굽고,

7 그릇에 구운 새송이버섯을 담고 남은 허브소금(½큰술), 송송 썬 쪽파를 뿌려 마무리.

묵은지스파게티

by. 최진흔 선생님 (2016년 8월 18일 방영)

처치 곤란 묵은지의 환골탈태!
색다른 맛의 묵은지 스파게티를 만들어보세요.
물에 한번 씻어내고 올리브유에 달달 볶으면
시큼한 군맛을 없앨 수 있어요.

RECIPE

1 묵은지는 1cm 크기로 썰고, 소고기는 채 썰고, 브로콜리는 한입 크기로 자르고, 마늘은 편으로 썰고, 양파와 파프리카는 채 썰고,

READY | 2인분

필수 재료
묵은지(180g), 소고기(갈빗살 120g), 브로콜리(100g), 마늘(7개), 스파게티면(80g), 페페론치노(4개)

선택 재료
양파(25g), 빨간 파프리카(45g), 파슬리가루(약간)

밑간
소금($\frac{1}{2}$큰술), 굵은 후춧가루(약간), 올리브유(1큰술)

양념
소금(1큰술), 굵은 후춧가루(약간)

TIP 소고기에 올리브유를 넣어 간하면 육질이 부드러워져요.

2 채 썬 소고기에 **밑간**하고,

TIP 스파게티 면을 저어가며 삶아야 면이 달라붙지 않고 고루 익어요.

3 끓는 물에 소금(1큰술), 스파게티를 넣어 저어가며 8분 정도 삶고,

TIP 면을 삶고 난 물은 버리지 말고 남겨두세요.

TIP 페페론치노 대신 말린 청양고추나 베트남고추를 넣어도 좋아요.

4 중간 불로 달군 팬에 올리브유(1큰술)를 둘러 마늘, 굵은 후춧가루(약간)를 넣어 향을 내고,

TIP 스파게티 삶은 물을 넣으면 퍽퍽함이 덜하고 양념 맛이 살아나요.

5 페페론치노, 밑간한 소고기, 묵은지, 채 썬 양파를 넣어 고루 볶다가 면수(약간)를 넣어 고루 젓고,

6 올리브유($\frac{1}{2}$큰술), 삶은 스파게티를 넣어 볶다가 브로콜리, 채 썬 파프리카, 파슬리가루(약간)를 넣어 볶고,

7 소금(약간)을 넣어 간하고 올리브유($\frac{1}{2}$작은술)를 한 번 더 둘러 마무리.

INDEX

200 ml